RECHERCHES ANATOMIQUES

SUR UNE NOUVELLE ESPÈCE

DE BALANOGLOSSUS

LE *B. SARNIENSIS*

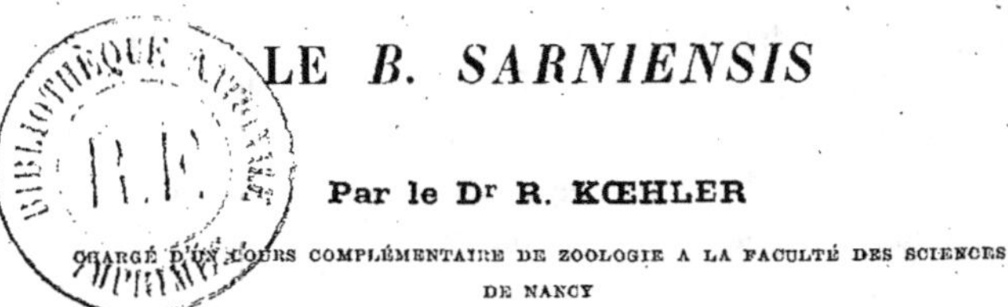

Par le Dr R. KŒHLER

CHARGÉ D'UN COURS COMPLÉMENTAIRE DE ZOOLOGIE A LA FACULTÉ DES SCIENCES
DE NANCY

Dans le *Supplément aux Recherches sur la faune marine des îles Anglo-normandes* publié dans ce Bulletin, j'ai décrit les caractères d'un *Balanoglossus* que j'ai découvert au mois d'août 1885 à l'île de Herm. J'ai proposé de donner le nom de *Balanoglossus sarniensis* à cette espèce que j'ai considérée comme nouvelle, et qui offre cette particularité curieuse de sécréter un mucus possédant une odeur très marquée et extrêmement tenace d'iodoforme. Cette odeur d'iodoforme se rencontre aussi, d'après Bateson, chez un *Balanoglossus* qui vit en Amérique dans la baie de Chesapeacke, le *B. Brooksii*[1].

---

1. Il est possible que le *B. sarniensis* ne soit pas une espèce nouvelle. Lorsqu'au mois de janvier 1886 j'eus résumé ses caractères dans une note adressée à l'Académie des sciences, M. Pouchet, reconnaissant d'après ma description qu'il s'agissait d'une espèce qu'il avait déjà vue, a annoncé à l'Académie que cette espèce avait déjà été trouvée à Concarneau et était l'une de celles que Giard a nommées *B. salmoneus* et *Robinii*.

J'ai déjà fait remarquer à cet égard qu'il n'avait jamais été publié de description des *Balanoglossus* de Concarneau. Barrois et de Guerne, dans leur note sur la faune de Concarneau, annoncent la découverte d'un *Balanoglossus* qu'ils ne font qu'indiquer. Giard, dans une note publiée en 1882 (Comptes rendus), reconnaît

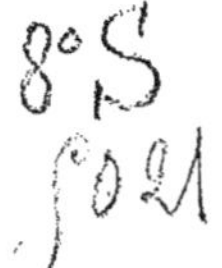

Il n'y a donc pas lieu de décrire de nouveau les caractères extérieurs du *Balanoglossus sarniensis* que j'ai suffisamment indiqués dans le mémoire cité plus haut. Je me contenterai de donner ici un dessin de cet intéressant animal (Pl. I, fig. 1) et je commencerai immédiatement l'étude anatomique de ce *Balanoglossus*, en passant successivement en revue la trompe et les nombreux organes situés à sa base et dans le collier, le système nerveux, le tube digestif et les parois du corps, le système circulatoire et les glandes génitales. Ce mémoire n'est donc qu'un résumé étendu d'un travail complet qui vient de paraître dans le *Journal international d'anatomie et d'histologie* sous le titre : *Contribution à l'étude des Entéropneustes*[1].

Il ne sera question dans ce travail que du *B. sarniensis*. J'ai fait aussi de nombreuses coupes du *B. minutus*, venant de la

deux espèces distinctes : « Elles diffèrent, dit-il, à première vue par la largeur et la couleur de la région branchio-génitale. L'une est d'un jaune orangé dans le sexe mâle, d'un jaune grisâtre chez la femelle, d'un brun clair chez l'animal immaturé : je l'appellerai *B. Robinii*. La deuxième espèce un peu plus grêle que la première et beaucoup moins large dans la région thoracique, présente dans les deux sexes une couleur saumonée ; je lui donnerai le nom de *B. salmoneus*.... Rien n'est plus facile que de découvrir leur gîte, grâce au tortillon de sable d'une forme particulière qui en couvre l'issue.... L'animal est couvert d'un mucus à odeur très spéciale. » (Giard dit, dans les *Comptes rendus du Congrès de l'Association française* tenu à la Rochelle, que le *B. Robinii* sécrète un mucus à odeur de rhum.)

On m'accordera, je suppose, que dans ces quelques lignes il n'y a pas d'indications suffisantes pour permettre de reconnaître un animal. De plus, je n'ai jamais remarqué ce tortillon de sable qui permet de découvrir les *Balanoglossus* à Concarneau, circonstance que je regrette d'ailleurs, car elle m'eût épargné bien du temps. L'odeur d'iodoforme si caractéristique, si difficile à confondre avec une autre, n'est pas non plus indiquée. Giard ne parle d'ailleurs qu'incidemment des *Balanoglossus* dans sa note qui avait surtout pour objet l'étude d'un commensal de ces animaux.

Dans ces conditions, j'étais parfaitement en droit de considérer mon espèce comme nouvelle et de lui donner un nom. Je reconnais volontiers qu'on a pu la voir à Concarneau, mais comme ce travail a surtout pour objet une étude anatomique du *Balanoglossus*, il suffit que l'on sache que l'espèce peut se trouver ailleurs qu'à l'île de Herm. Ce qui est important, c'est que l'on possède des figures exactes, et une description suffisamment complète d'échantillons pris dans des localités bien connues où l'on pourra toujours les retrouver, de manière à avoir des éléments certains de détermination et de comparaison.

1. *International Monatschrift für Anatomie und Histologie*. 1886. Bd. III, Heft 4.

station zoologique de Naples. Mais cette espèce devant être étudiée complètement par Spengel, je n'ai utilisé les préparations qu'elle m'a fournies que comme points de comparaison, et je n'en parlerai pas souvent dans l'exposé de mes recherches.

Tous mes échantillons, en petit nombre d'ailleurs, étaient conservés dans l'alcool absolu. Les dissections n'étaient donc pas possibles, et c'est par la méthode des coupes successives que j'ai pu faire l'anatomie du *Balanoglossus*. J'ai regretté, en étudiant certains tissus, de n'avoir pas de pièces traitées à l'acide osmique, mais en général, les éléments étaient suffisamment bien conservés pour permettre une étude anatomique d'un animal aussi intéressant, et jusqu'à présent aussi rare que le *Balanoglossus*.

Trompe. — Les parois de la trompe sont constituées par une couche épaisse de fibres musculaires, recouverte extérieurement par des cellules épithéliales. Cette couche épithéliale présente sa plus grande épaisseur à la base de la trompe. Elle est continue sur toute son étendue, sauf en un point parfaitement déterminé du pédoncule qui la relie au collier sur le côté dorsal duquel elle forme une invagination constituant le canal découvert par Spengel. Quant aux orifices décrits par Kowalevsky, l'un à l'extrémité antérieure, l'autre sur la face ventrale de la trompe, ils n'ont été retrouvés ni par Spengel ni par Bateson [1]; et il m'a été impossible de les découvrir. On doit donc admettre que la cavité de la trompe ne communique avec l'extérieur que par le canal dorsal qui se trouve sur son pédoncule et sur lequel nous reviendrons plus loin.

La couche épithéliale de la trompe renferme un assez grand nombre de glandes à mucus qui apparaissent sur les coupes sous forme de petites vésicules très claires, transparentes, à contours assez nets, renfermant quelquefois un coagulum granuleux; ces glandes occupent surtout la moitié externe de la couche. Elles deviennent moins abondantes et disparaissent complètement vers la base de la trompe. Les cellules forment évidemment de nombreuses assises; elles sont très minces et presque filiformes. Sur

1. Bateson, *Development of Balanoglossus Kowalevskii. — Quart Journ. of Microsc. Science,* 1885.

— 4 —

les coupes, les noyaux sont très serrés et les cellules paraissent très rapprochées. La limite externe de la couche est indiquée par un double contour correspondant à une fine cuticule (fig. 2 et 11).

Entre la couche épithéliale proprement dite et les muscles sous-jacents, on remarque sur toute la surface de la trompe une couche d'un tissu peu colorable par les réactifs, et que Spengel a décrite sous le nom de membrane basale. Cette couche, que nous retrouverons dans d'autres points de la surface du corps, n'est pas séparée des cellules épithéliales qui la recouvrent par une ligne de démarcation bien définie. Cependant ses limites sont suffisamment indiquées du côté de l'épithélium, parce que les noyaux des cellules qui existent dans presque toute l'épaisseur de cet épithélium, s'arrêtent brusquement à ce niveau : aussi la ligne menée par la dernière assise de noyaux marque le contour de cette couche. Elle présente une striation transversale très nette : il semble que les extrémités de certaines cellules épithéliales se continuent dans toute l'épaisseur de cette lame et la traversent de part en part. Entre ces stries légèrement ondulées et inégalement écartées l'une de l'autre, il existe une substance très finement granuleuse, laquelle présente, sur les coupes longitudinales, une striation longitudinale évidente, et dans certains points même, une division très nette en fibrilles. Des noyaux très espacés et faiblement colorés sont plongés dans la substance finement granuleuse, qui, par ses caractères, rappelle la substance fondamentale des centres nerveux de beaucoup d'Invertébrés. Nous allons voir d'ailleurs que le système nerveux central se continue avec cette couche basale, et que les troncs nerveux dorsal et ventral sont constitués par de simples épaississements de cette couche qui se rencontre sur toute la surface du corps, en dessous de la couche épithéliale externe, et que nous appellerons *couche nerveuse* (fig. 2, 3, 7, 8, 11, *c. n.*).

La couche nerveuse est assez épaisse à la base de la trompe, où elle atteint 13 à 15 millimètres de largeur, mais elle s'amincit sur les côtés et à l'extrémité antérieure de cet organe.

Les fibres musculaires qui constituent, en dessous de la couche nerveuse, les parois de la trompe, forment deux assises distinctes : une couche externe de fibres transversales, puis une couche de fibres entre-croisées, ayant pour la plupart une direction longitudinale, et qui se réunissent quelquefois en faisceaux épais traversant la cavité de la trompe et s'étendant d'une paroi à l'autre. Ces muscles, en s'entre-croisant, laissent entre eux des espaces plus ou moins étendus dans lesquels se trouve, chez l'animal vivant, un liquide coagulable par les réactifs. On observe en effet, sur les coupes, qu'une substance très finement granuleuse occupe les interstices des fibres musculaires : ce coagulum très léger indique d'une manière certaine qu'il y avait là un liquide. Cette substance enferme de nombreux éléments cellulaires arrondis, remplis de granulations fortement colorées par le carmin et réunis les uns aux autres par de fins prolongements protoplasmiques. Enfin, les fibres musculaires sont soutenues par un tissu conjonctif peu abondant, offrant de petites cellules et de minces fibrilles.

La cavité de la trompe communique avec l'extérieur à l'aide d'un canal découvert par Spengel, dont les observations ont été confirmées par Bateson. Ce canal est simple chez les *B. Kowalevskii*, *minutus* et *claviger*, mais il est double chez le *B. Kuppferi*.

Je l'ai facilement reconnu sur des coupes sagittales bien médianes de *B. minutus*, parce que dans cette espèce son trajet est très court (en raison de la petite taille de cette espèce) et tout à fait rectiligne. En effet, on remarque un peu en dessus du point de réunion du collier avec le pédoncule, point où vient se terminer le cordon nerveux dorsal du collier, une invagination de l'épithélium externe formant un canal qui, dirigé d'abord obliquement en haut et en dedans, monte parallèlement à l'axe du pédoncule, et vient s'ouvrir dans la cavité de la trompe. Les cellules épithéliales qui tapissent sa face interne se perdent en effet au milieu des fibres musculaires et des organes qui existent à la base de la trompe.

Chez le *B. sarniensis* on reconnaît, sur les coupes transversales du pédoncule, ce canal qui est à peu près circulaire dans sa région la plus large, où il offre un diamètre de 30 à 35 millimètres. En étudiant une série de coupes successives, on voit apparaître, au-dessus du sac de la glande (*s*, fig. 6, 7 et 8), un canal dont les parois, d'abord peu distinctes, se différencient peu à peu, mais n'offrent pas au début un revêtement épithélial. Les cellules apparaissent d'abord sur la face dorsale, tandis que la face ventrale de la paroi continue encore à n'être formée que de tissu conjonctif. Enfin l'épithélium s'étend sur la face ventrale, et le canal offre alors en coupe la forme d'un cercle presque régulier (fig. 8, *p. tr.*). Le sac de la glande ne tarde pas à disparaître, de sorte que le canal occupe alors la face dorsale du diverticulum pharyngien *d* : on peut le suivre ainsi sur un certain nombre de coupes, puis on le voit se rapprocher peu à peu de l'épithélium de la face dorsale du pédicule et s'ouvrir finalement à l'extérieur.

Ce canal chez les *B. minutus* et *claviger* est tout à fait médian ; d'après Spengel, chez le *B. Kowalevskii*, il est reporté un peu vers la gauche.

Il est possible que chez mon *Balanoglossus* ce canal, qui, sur les coupes transversales, paraît occuper la ligne médiane, n'offre pas un trajet tout à fait rectiligne. En effet, en l'étudiant sur les coupes longitudinales, je puis le suivre sur plusieurs coupes successives : il se présente sous forme d'une ellipse (fig. 12, *p. tr.*) et son ouverture extérieure est visible sur une coupe où le cordon nerveux se montre encore sur toute sa longueur, mais en coupe tangentielle, et où la portion inférieure étroite du diverticulum pharyngien qu'on observe sur des coupes bien médianes comme celle que j'ai représentée figure 11, n'existe plus.

Le point où ce canal vient s'ouvrir à l'extérieur se trouve situé un peu au-dessus de l'extrémité antérieure du cordon nerveux du collier, à un demi-millimètre environ de cette extrémité.

Ce mode de terminaison d'un canal ayant incontestablement une origine ectodermique, et tapissé par un épithélium qui vient se perdre dans des tissus d'origine mésodermique, est assurément fort curieux. Nous retrouverons une paire de canaux analogues et se terminant de la même façon, en étudiant la région branchiale.

La trompe est reliée au collier par une sorte de pédicule qui part de son extrémité postérieure et vient s'insérer sur le côté dorsal de ce collier. En détachant la moitié antérieure de la trompe par une section transversale, on peut constater que le pédicule fait saillie dans la cavité de la trompe par une extrémité élargie et irrégulièrement mamelonnée. La longueur de ce pédicule, depuis son insertion sur le collier jusqu'à son extrémité, est d'environ 4 millimètres. La couche épithéliale qui le tapisse se continue avec celle qui recouvre la surface de la trompe.

Il existe, dans le pédicule de la trompe et dans le renflement qui le termine, plusieurs organes importants qui font de cette région la partie la plus compliquée de tout le corps du *Balanoglossus*. En résumé, nous y rencontrons (fig. 2, 10 et 11) : un diverticulum de l'épithélium dorsal du pharynx, très étroit dans sa portion inférieure, mais s'élargissant considérablement vers le haut (*d*), diverticulum dont la face ventrale s'appuie sur une pièce résistante (*p*), sorte de squelette interne qui sert de point d'attache à des muscles et d'organe de soutien. La portion élargie du diverticulum porte sur son côté dorsal une sorte de sac clos (*s*), séparé du diverticulum par un espace aplati rempli de sang coagulé, le cœur (*c*), et coiffé d'un organe formé de deux lobes latéraux qui offre une structure glandulaire, et dans lequel le sang se distribue très abondamment, que nous appellerons la glande de la trompe (*g*).

Étudions la structure et les relations de ces différents organes.

Plaque squelettique ou plaque pharyngienne. — Elle est formée d'une substance homogène, ressemblant à la substance fondamentale du cartilage des Vertébrés, et de même nature que les lamelles qui soutiennent les poches branchiales. Sur une coupe longitudinale médiane (fig. 11), la plaque offre une forme quadrangulaire et est entourée de toutes parts par l'épithélium intestinal et l'épithélium du diverticulum qui est la continuation de celui-ci. Elle présente en avant un prolongement, formant une mince lamelle dirigée vers l'orifice buccal ; elle est divisée en deux régions, l'une antérieure et l'autre postérieure, par une ligne qu'occupent des vaisseaux sanguins ayant un trajet irrégulier.

En arrière, la plaque envoie deux branches divergentes qui entourent l'origine du diverticulum, et qu'on trouve sur les coupes longitudinales passant un peu en dehors de la ligne médiane. La plaque se termine à son extrémité postérieure par une pointe qui s'avance comme un éperon au-dessus de l'orifice du diverticulum. Sur les coupes horizontales médianes, la plaque pharyngienne offre deux triangles superposés : le sommet du triangle inférieur correspond à cet éperon, et la base excavée du triangle supérieur s'applique contre le contour convexe de la portion élargie du diverticulum. Étudiée enfin sur les coupes transversales, la plaque apparaît d'abord sur les premières coupes qui intéressent l'extrémité élargie du diverticulum (fig. 3, *p*) sous forme d'une mince bande homogène entre le diverticulum et la couche nerveuse de la base de la trompe. Cette bordure devient plus épaisse à mesure que l'on descend vers le collier, l'épaississement se localisant à la face ventrale du diverticulum. La plaque se présente alors (fig. 6) sous forme d'un corps allongé, terminé en haut par un bord arrondi et en bas par une pointe aiguë qui s'avance dans la cavité pharyngienne, mais en restant toujours recouverte par l'épithélium intestinal. Cette pointe s'efface sur les coupes suivantes (fig. 9). Sur les coupes passant au niveau et en dessous de l'orifice du diverticulum, on voit la plaque se partager en deux moitiés (fig. 5, *p*) qui s'écartent l'une de l'autre jusqu'à venir se placer aux angles latéraux de la paroi intestinale, et qui disparaissent ensuite.

Le tissu qui constitue la plaque est presque homogène et très transparent ; il se colore faiblement par le carmin. On y remarque des stries parallèles plus ou moins accusées qui indiquent sans doute les couches successives de dépôt de la matière qui la constitue. L'aspect de ce tissu rappelle beaucoup celui de la substance fondamentale d'un cartilage. Il est intéressant de rappeler que chez une nouvelle espèce de la Méditerranée, le *B. Talaboti*, étudiée par M. Marion, cette ressemblance du tissu de la plaque pharyngienne avec un cartilage est plus frappante encore. M. Marion dit, en effet, qu'il existe, « au milieu de la substance gélatineuse stratifiée, des corps cellulaires fusiformes, pleins de corpuscules adipeux. Cette structure fait penser aux vrais cartilages des *Chordata*. »

Il est fort probable que la plaque pharyngienne est formée par les cellules du diverticulum, c'est l'opinion de Spengel et de Bateson, et je n'ai aucune raison pour ne pas la partager. On voit en effet que les cellules endodermiques du diverticulum, non seulement s'appuyent par leurs extrémités sur le bord de la plaque, mais qu'elles se confondent complètement avec la substance de celle-ci. D'après Bateson, la plaque, impaire chez l'adulte, apparaît chez la larve pendant la période qui précède la formation de la deuxième paire de poches branchiales sous forme de deux tiges transparentes qui restent écartées en arrière pour constituer ses deux branches divergentes, et se soudent en avant pour former une plaque impaire. L'épaisseur de ces tiges est inversement proportionnelle à celle du diverticulum qui est très mince dans la région où les tiges sont les plus épaisses ; ce qui semble bien prouver que la plaque est sécrétée par le diverticulum.

Bateson ne donne pas de renseignements précis sur le processus histogénique de la formation de cette plaque, mais il constate une analogie entre la sécrétion de la plaque par des tissus endodermiques (*notochordal tissue*) et la formation des disques chez l'*Amphioxus*.

Diverticulum. — Une coupe sagittale bien médiane (fig. 11) montre qu'immédiatement en dessous de l'extrémité inférieure de la plaque, l'épithélium de la face dorsale du pharynx offre une invagination profonde, formant un long canal terminé en cul-de-sac, situé sur le côté dorsal du corps, et qui s'étend jusque dans la cavité de la trompe. Ce diverticulum, très étroit dans sa moitié inférieure où il se trouve comprimé par le développement du squelette, s'élargit au contraire dans sa moitié supérieure. La lumière, très réduite dans la portion rétrécie, est aussi plus large dans l'autre moitié ; elle existe sur toute la longueur du diverticulum. Cet organe est limité du côté ventral par toute la longueur de la plaque squelettique ; du côté dorsal, en bas par les tissus conjonctifs et musculaires mésodermiques qui se développent entre l'épithélium extérieur et l'épithélium intestinal (*m. g.*) jusqu'au bord inférieur du sac de la glande de la trompe, et en haut par ce sac et par le cœur. En avant, le diverticulum s'épanouit librement dans la cavité de la trompe au milieu des tissus qui l'occupent. Des vaisseaux assez volumineux se rendent sur cette portion de la paroi du diverticulum.

La structure de cet organe est intéressante à examiner. Dans la partie rétrécie, les cellules cylindriques, offrant de petits noyaux granuleux, qui en forment la paroi, ressemblent aux cellules épithéliales du tube digestif dont elles sont la continuation ; mais dans la portion élargie l'apparence est tout autre. D'abord les noyaux sont moins abondants : on en rencontre plusieurs au voisinage de la cavité centrale, près du bord, mais ils sont rares dans tout le reste du tissu. Au lieu de cellules disposées régulièrement, on observe au contraire des fibrilles délicates entre-croisées, offrant souvent des épaississements à leurs points de réunion, et de tous points analogues aux éléments si caractéristiques de la notochorde des Vertébrés.

Ces différences se constatent facilement sur les coupes longitudinales, mais la structure réticulée est peut-être encore plus nette sur les coupes transversales. Si l'on suit une série de coupes transversales successives comprenant le diverticulum depuis son extrémité antérieure jusqu'à son ouverture inférieure, on observe sur les premières coupes un tissu réticulé formé de trabécules très fines et disposées très irrégulièrement, renfermant quelques noyaux (fig. 6, *d*). Sur les coupes suivantes, vers le milieu de la portion élargie, les trabécules se disposent plus régulièrement à la face dorsale du diverticulum ; elles sont parallèles les unes aux autres, les noyaux sont plus nombreux. A ce niveau, le diverticulum montre donc : une paroi dorsale composée de cellules épithéliales cylindriques ordinaires, et une paroi ventrale formée de trabécules irrégulièrement entre-croisées (fig. 7). Enfin, plus bas, à mesure que le diverticulum se rétrécit, on voit les trabécules de la face ventrale se disposer à leur tour en forme d'épithélium régulier, et la coupe du diverticulum ne diffère plus de celle d'un canal tapissé d'un épithélium cylindrique ordinaire (fig. 9, *d*).

Bateson a observé que le diverticulum apparaissait de très bonne heure chez la larve ; il est déjà bien développé au moment où se forme la première paire de poches branchiales, et il se présente sous forme d'une proéminence dirigée en avant de la face dorsale de l'archentéron. Quand la larve développe la deuxième paire de branchies, ses cellules commencent déjà à se modifier : elles deviennent irrégulières, se remplissent de vacuoles et subis-

sent enfin les transformations si caractéristiques des éléments de
la chorde dorsale des Vertébrés. Les observations faites par Bateson sur ces modifications des cellules du diverticulum offrent
un grand intérêt.

Ce n'est pas seulement par sa structure histologique que le
diverticulum pharyngien du *Balanoglossus* se rapproche de la
notochorde des Vertébrés. Ses rapports, son origine aux dépens
de l'épithélium endodermique, son rôle dans la formation de la
plaque pharyngienne, tous ces caractères lui sont communs avec
la notochorde. L'étude que j'ai faite sur mes animaux me conduit
à admettre cette homologie formulée par Bateson.

Spengel affirme, au contraire, que dans les espèces qu'il a étudiées le diverticulum est composé de cellules identiques à celles
qui forment l'épithélium intestinal, et qu'il ne voit rien qui rappelle la chorde des Élasmobranches. Bateson a trouvé que le diverticulum, chez le *B. minutus*, l'une des espèces étudiées par Spengel,
avait la même structure que chez le *B. Kowalevskii*. Pour ma
part, les coupes que j'ai faites sur le *B. minutus* de Naples m'ont
clairement démontré que, chez cette espèce, le diverticulum
offrait les mêmes caractères, et présentait le même tissu analogue
à celui de la notochorde que chez le *B. sarniensis*.

GLANDE DE LA TROMPE. — Avant de décrire cet organe, je dois
résumer en quelques mots les observations de Spengel sur les
organes situés à la base de la trompe.

D'après ce savant, il existe à la face dorsale un organe en forme
de sac, dont la face ventrale est tournée vers le diverticulum, et
dont les faces latérales convergent vers le dos pour se rencontrer
en dessus. Ce sac, clos de toutes parts, renferme dans sa partie
postérieure des cellules filiformes et étoilées, sa paroi ventrale
renferme de fines fibres musculaires[1]. Cet organe dérive du cœur
de la Tornaria, et bien que chez l'adulte il ne présente aucune
communication avec les vaisseaux, Spengel lui donne néanmoins
le nom de cœur. Entre cet organe et le diverticulum se trouve un
espace sanguin (*ein Blutraum*)[2]. Enfin, coiffant le tout, un corps

1. *Mittheilungen aus der zoologischen Station zu Neapel.* — Bd. V; Heft 4.
— Taf. 30, fig. 1, 2 et 4, *h*.
2. *Ibid.* — *b*.

spongieux, en forme de fer à cheval, s'étend entre le cœur et la paroi dorsale de la trompe [1] ; il est traversé de canaux sanguins ramifiés, et Spengel le considère comme une branchie interne (*Eichelkieme*), à cause de la présence de nombreux vaisseaux qui viennent s'y ramifier.

Bateson fait remarquer, avec beaucoup de raison, que l'interprétation de Spengel doit être inexacte, et qu'une branchie interne est absolument inutile à un animal qui possède un appareil branchial aussi développé que le *Balanoglossus*. Il a étudié le développement de cet organe, mais il ne fait pas connaître sa structure chez l'animal adulte, et il le considère comme une formation glandulaire à laquelle il donne le nom de *glande proboscidienne* ou *glande de la trompe*.

Mes observations sur la structure de cet organe confirment et complètent les recherches de Bateson. Je donnerai donc, comme lui, à cet organe le nom de *glande de la trompe*, nom qui me paraît justifié par sa structure, ses relations et son rôle présumé.

Je l'étudierai d'abord sur une série de coupes transversales passant par le pédicule de la trompe. Une première coupe intéressant la partie supérieure du pédicule (fig. 6), présente, de chaque côté du diverticulum (*d*) dont la lumière est étroite, deux masses latérales (*g*) réunies, sur le côté dorsal, par une portion médiane, et sur le côté ventral par une mince bordure en arrière du diverticulum. Au côté dorsal du diverticulum, les deux masses latérales limitent un espace arrondi, à contours mal délimités (*s*) : c'est la cavité ou sac de la glande représentée par les deux masses latérales. Celles-ci sont constituées par des fibrilles conjonctives entre-croisées formant des mailles irrégulières, très nettes surtout dans la partie centrale, moins accusées dans la région périphérique. Ces fibrilles supportent un grand nombre de cellules, à noyaux petits et très colorés, mais dont le protoplasma est peu distinct, au milieu desquelles sont répandues des granulations jaunes et brunes, abondantes surtout dans la région périphérique. En outre, l'on rencontre constamment des espaces d'étendue très variable, remplis d'un magma granuleux, fortement coloré, qui n'est autre chose que du sang coagulé. Il m'est

1. *Ibid.* — *b'*.

impossible de décider si ces espaces sont entourés d'une membrane ou si ce sont de simples lacunes creusées dans le tissu de la glande. A mesure que l'on observe des coupes successives, on voit que la cavité centrale de la glande est plus étendue et mieux limitée, surtout parce que le bord interne des masses latérales est occupé par des espaces sanguins. Les trabécules conjonctives sont disposées, du moins dans la partie la plus large, sous forme de faisceaux parallèles. Sur les coupes suivantes (fig. 7) on retrouve la même structure histologique ; mais les masses latérales de la glande deviennent moins épaisses et ne sont plus réunies l'une à l'autre : elles forment deux parties distinctes de chaque côté du diverticulum et du sac. Dans toutes ces coupes, on observe à la périphérie de la glande une mince bordure plus foncée, dont les éléments ne sont pas bien distincts, mais qui est en grande partie formée par des fibres musculaires. Ces fibres, coupées obliquement sur les coupes 6 et 7, sont facilement reconnaissables sur la coupe 3. Les éléments de la glande ne s'observent plus sur cette dernière coupe ; il n'en reste que la mince bordure musculaire dont les fibres sont coupées transversalement et qui se continuent avec les fibres musculaires longitudinales de la trompe.

En effet, à mesure que les coupes appartiennent à des régions plus voisines de la base de la trompe, on remarque que les parois de celle-ci se rapprochent de la surface de la glande : ces parois de la trompe sont représentées sur la figure 7. Sur cette figure on distingue de chaque côté de la glande deux espaces limités par les muscles de la trompe coupés dans différentes directions et remplis de granulations colorées : ces espaces correspondent à la cavité de la trompe et les granulations qu'ils renferment représentent sans doute des produits excrétés par la glande proboscidienne.

Pour en terminer avec cette glande, je dirai que sa cavité, d'abord mal délimitée (fig. 6, s), acquiert progressivement des contours plus distincts (fig. 7 et 3) et se présente sous forme d'un sac à parois bien définies. Ce sac est occupé par une substance très finement granuleuse dans laquelle je distingue quelques fibres conjonctives et des cellules offrant un protoplasma clair et des

noyaux granuleux, au milieu desquelles existent des amas de granulations pigmentées. La cavité, d'abord très large, se rétrécit peu
à peu (fig. 3 et 7), mais on l'observe encore sur des coupes qui
n'offrent plus de traces de la glande proboscidienne. Les dispositions relatives de la glande et de sa cavité sont indiquées sur la
figure 10, qui représente une coupe longitudinale, pas tout à fait
médiane (car si elle était bien médiane, la glande, formée de deux
masses développées de chaque côté de la ligne médiane, ne serait
coupée que dans sa portion moyenne très réduite, comme cela est
arrivé pour la figure 11). La coupe horizontale représentée figure 2 montre aussi la cavité en question mais pas la glande, la
coupe ayant porté en dehors de celle-ci.

Vers la base de la trompe les parois latérales de celle-ci arrivent à toucher presque le diverticulum, comme on le voit sur la
figure 3. En dessous de l'épithélium externe se trouve la couche
nerveuse limitée en dedans par des fibres musculaires dont la
plupart prennent une direction longitudinale (*l. tr.*). Entre la paroi
de la trompe et la face ventrale du diverticulum, on distingue une
mince lamelle homogène qui n'est autre chose que la partie supérieure de la plaque squelettique. Sur la face dorsale du diverticulum où la plaque ne se développe pas, les parois de la trompe
se réunissent à la paroi dorsale du sac de la glande et détermi-
nent la formation de deux espaces allongés obliquement, remplis
par les muscles et par le tissu conjonctif de la trompe, limités en
dedans par les parois de la glande (fig. 3, *c. g.*). Sur la même
figure on constate que les fibres musculaires de la paroi de la
glande se placent au même niveau que les muscles longitudinaux
de la trompe et se continuent avec eux. Ces deux espaces dont
les contours deviennent mieux marqués sur les coupes suivantes
(fig. 8 et 9, *c. g.*) ne sont donc autre chose qu'une partie de la
cavité générale du corps et nous les retrouverons sur toute la
longueur du collier (fig. 4).

Lorsque le sac de la glande proboscidienne a disparu sur les
coupes, le diverticulum se rapproche du canal dorsal de la trompe
(fig. 8) ; la plaque pharyngienne est entourée, dans sa partie inférieure, par la couche nerveuse de la trompe qui se continue dans
le pédicule, mais qui s'amincit peu à peu et finira par disparaître,

la couche épithéliale de la trompe passant, au niveau du pharynx, à l'épithélium intestinal.

Les deux portions de cavité générale *c. g.* dont nous avons étudié plus haut le mode de formation, situées d'abord de chaque côté du sac de la glande, puis de chaque côté du diverticulum, arrivent à se placer au-dessus de celui-ci en se rapprochant l'une de l'autre, et quand le cordon nerveux du collier fait son apparition (fig. 9), elles se trouvent placées entre ce cordon et le diverticulum. Plus tard enfin, sur les coupes passant en dessous de l'orifice du diverticulum, ces deux cavités sont situées entre le système nerveux et la couche musculaire transversale de l'intestin (fig. 4 et 16, *c. g.*). Elles sont séparées l'une de l'autre sur la ligne médiane par une lame étroite de tissu conjonctif, de laquelle partent de minces fibrilles parsemées de noyaux qui s'épanouissent et se perdent au milieu des fibres musculaires.

Les deux cavités restent distinctes et conservent les mêmes relations jusqu'à l'extrémité du collier, ou, plus exactement, jusqu'au point où le cordon nerveux du collier se termine, en s'ouvrant à l'extérieur sur la ligne médiane dorsale. Nous aurons du reste l'occasion de revenir sur ces cavités en étudiant les parois du corps.

S'il est facile de conclure que l'organe spongieux qui coiffe l'extrémité antérieure du diverticulum est une glande, il n'est pas facile d'émettre une hypothèse sur le rôle que cet organe doit remplir. Spengel, qui n'a pas reconnu les caractères de son tissu, l'a considéré comme une branchie accessoire, opinion que je ne puis partager. La structure histologique, les relations avec le système vasculaire, l'existence de granulations pigmentaires, provenant évidemment de cellules en voie de destruction, sont autant de caractères qui doivent faire considérer cette glande comme un organe d'excrétion. Je ne puis, pour ma part, m'empêcher de la comparer à la glande madréporique des Échinides dont j'ai étudié la structure dans un précédent mémoire. Je retrouve en effet dans les deux organes les mêmes caractères fondamentaux, les mêmes groupements des éléments, les mêmes relations avec le système circulatoire.

Comme la glande proboscidienne ne possède pas de conduit

excréteur, il est difficile d'expliquer la manière dont elle élimine les produits excrétés. Bateson admet que le pore dorsal de la trompe sert à transporter à l'extérieur les produits préalablement rejetés par la glande dans la cavité de la trompe. De fait, sur certaines coupes transversales, sur la coupe représentée sur la figure 7, par exemple, j'observe de chaque côté de la glande deux espaces irréguliers renfermant des taches finement granuleuses qui pourraient bien correspondre à des liquides coagulés, renfermant des amas de pigment jaune identiques à ceux qui existent dans le tissu de la glande. Spengel affirme que l'eau ambiante peut pénétrer dans la cavité de la trompe par le canal dorsal, que le courant s'y fait de l'extérieur à l'intérieur ; Bateson admet au contraire que le courant est dirigé en sens inverse. Il est donc nécessaire d'instituer de nouveau des expériences sur des animaux vivants pour être renseigné sur la fonction du canal dorsal de la trompe. D'ailleurs, on peut très bien admettre que l'eau de mer s'introduise dans la cavité de la trompe par ce canal, et sorte de nouveau par la même voie, en entraînant avec elle les produits de la glande de la trompe. Enfin, le sac de la glande doit aussi servir de réservoir où s'accumulent ces produits.

Pour terminer l'étude des organes importants placés à la base de la trompe ou plutôt contenus dans son pédicule, il faudrait encore parler du *cœur* qui n'est autre chose que cette formation à laquelle Spengel a donné simplement le nom d'espace sanguin. Mais la description du cœur trouvera mieux sa place dans l'étude du système circulatoire dont nous nous occuperons, pour plus de commodité, après avoir décrit le système nerveux, le tube digestif et les parois du corps qu'il est nécessaire de connaître pour comprendre la distribution des vaisseaux.

Système nerveux. — J'étudierai dans le système nerveux, d'abord une région centrale, puis une portion périphérique.

Région centrale. — La partie du système nerveux qu'on peut considérer comme centrale se présente sous forme d'un cordon épais qui s'étend sur toute la longueur de la face dorsale du collier, depuis le point de réunion du collier avec la face dorsale du pédicule jusqu'au voisinage de la région branchiale (fig. 11, 12 et 15, *n. c.*).

Spengel dit que ce cordon se continue en avant et en arrière
dans l'épiderme : en avant, à l'endroit où l'épithélium de la
trompe se continue avec l'épithélium de la surface supérieure et
interne du collier, et en arrière dans la bande d'épiderme épaissi
qu'on trouve sur la ligne médiane dorsale dans la région du tronc.
Dans l'intérieur de ce cordon, il observe de nombreux petits
espaces vides autour desquels les cellules se disposent en forme
d'épithélium, espaces qui ne communiquent pas les uns avec les
autres. Bateson, n'étudiant que le développement du *B. Kowalevskii*, donne fort peu d'indications sur la structure du système
nerveux, mais je dois insister : 1° sur un passage où il dit qu'une
véritable lumière existe dans la région antérieure du cordon,
tandis que dans les régions moyenne et postérieure on observe
les espaces limités par des cellules columnaires déjà indiquées
par Spengel ; 2° sur deux figures (fig. 59 et surtout 60)[1] qu'il
n'explique pas dans son texte, et qui représentent des sections de
la partie antérieure de ce cordon nerveux offrant un canal central
très nettement limité, pourvu de cils vibratiles, analogue au canal
médullaire des Vertébrés.

J'ai observé sur mes préparations certaines particularités intéressantes sur la structure du système nerveux. Je dois dire tout
d'abord qu'un canal central tel que le figure Bateson, canal dont
l'existence a aussi été niée par Spengel, n'existe pas, pas plus
chez le *B. minutus* que chez le *B. sarniensis*. Sur les coupes
transversales, le cordon nerveux offre un contour ovalaire, dans
sa partie antérieure (fig. 9), irrégulier ou triangulaire (fig. 16,
n. c.) dans tout le reste de son étendue. Il offre à considérer une
portion fibreuse externe, et une portion celluleuse interne. La
portion fibreuse (*p. f.*) forme une bande épaisse sur la face ventrale du cordon très mince sur les côtés, un peu plus large à la
face dorsale ; elle est constituée par une substance très finement
granuleuse, ne se colorant pas par le carmin, renfermant quelques noyaux peu colorés et identique à celle qui forme la couche
nerveuse, indiquée plus haut, sous l'épithélium de la trompe.

La couche fibreuse est limitée sur son bord interne par de très
petits noyaux formant plusieurs assises sur le côté ventral, moins

1. *Development of B. Kowalevskii.* Pl. IX.

abondants sur les autres côtés. Ces noyaux appartiennent à des cellules dont on ne distingue pas bien les contours, mais dont les membranes forment par leur réunion de très fines stries parallèles, régulières, dont l'ensemble rappelle une couche épithéliale. En certains points même (fig. 16), la couche des cellules présente à son bord interne une limite très nette, une sorte de plateau à double contour comme dans un épithélium ordinaire. Les cellules paraissent envoyer des prolongements dans la substance fibreuse, laquelle offre des stries irrégulièrement distantes qui la traversent dans toute son épaisseur et qui partent de la région celluleuse. Tout l'espace central de la coupe est occupé par des trabécules irrégulièrement disposées, qui naissent de la région celluleuse, et s'anastomosent entre elles pour former un réseau délicat supportant quelques noyaux.

Dans la partie postérieure du cordon, l'aspect des coupes est modifié. Les trabécules qui occupent l'espace central sont moins nombreuses ; les stries parallèles de la région celluleuse deviennent plus marquées, et par conséquent les cellules plus distinctes l'une de l'autre. En même temps que les trabécules deviennent moins nombreuses, les cellules se trouvent limitées intérieurement par un double contour très net, comme on l'observait en certains points seulement des coupes précédentes. Finalement, il se forme une cavité centrale vide, entourée de cellules disposées sous forme d'un épithélium régulier, et l'aspect des coupes dans la partie *postérieure* du cordon chez le *B. sarniensis* est tout à fait analogue à celui des coupes figurées par Bateson pour la région *antérieure* du même cordon.

Les coupes longitudinales sont plus intéressantes à étudier que les coupes transversales. La substance fibreuse (fig. 12) forme à la face ventrale du cordon nerveux un ruban épais qui présente une striation longitudinale très manifeste, et une striation transversale moins accusée. Du côté dorsal, le ruban formé par la substance fibreuse est beaucoup plus mince. La région celluleuse se montre constituée par de longues cellules très serrées, disposées parallèlement, et limitant de nombreux espaces vides, à contours ovalaires et à grand axe dirigé perpendiculairement au grand axe du cordon nerveux. En certains points, l'ensemble des

cellules offre l'aspect d'une portion d'épithélium limitée intérieurement par une mince cuticule. Les noyaux, très nombreux au
voisinage de la portion fibreuse, deviennent beaucoup moins
abondants dans la partie centrale lacuneuse.

Mais ce que ce cordon nerveux offre de plus remarquable, c'est
son mode de terminaison en arrière. Sur une coupe longitudinale
comprenant l'extrémité du collier et la partie antérieure de la
région branchiale (fig. 15), on remarque que la couche épithéliale de la surface dorsale du corps, qui renfermait, au niveau du
collier, de nombreuses glandes, cesse à un moment d'en présenter ; elle prend la forme d'un épithélium cylindrique ordinaire,
puis s'invagine pour donner naissance à un canal cylindrique qui
se dirige en avant et se continue avec le cordon nerveux que nous
venons d'étudier, les cellules de l'épithélium extérieur passant
progressivement aux cellules nerveuses du cordon. En d'autres
termes, le cordon nerveux du collier vient s'ouvrir à l'extérieur
par son extrémité postérieure. Les cellules nerveuses qui en
occupent la partie centrale ne forment plus de lacunes et se disposent en forme d'un épithélium régulier qui tapisse la couche
fibreuse, et limitent une cavité centrale par leurs bords internes
pourvus d'un plateau à contours très nets ; par places, on retrouve
encore de petits ponts réunissant les cellules et traversant la
lumière ; en ces points, le plateau disparaît pour reparaître un
peu plus loin. Ces modifications expliquent les changements indiqués plus haut dans l'aspect des coupes transversales et les différences que l'on constate entre les coupes passant par l'extrémité
postérieure du cordon et celles qui passent par ses régions antérieure et moyenne.

Quant à la substance fibreuse, toujours plus épaisse à la face
ventrale qu'à la face dorsale du cordon, elle se continue au niveau
de l'ouverture : à la face dorsale avec la couche nerveuse sous-
épithéliale du collier (fig. 15, c. n.), et à la face ventrale avec un
tronc nerveux situé sur la ligne médiane de la face dorsale du
corps, en dessous de l'épithélium, cordon que nous allons voir se
prolonger jusqu'à l'extrémité postérieure du corps (fig. 15, n. d.).

Ce mode de terminaison de l'extrémité postérieure du cordon
nerveux est assurément fort remarquable. Ni Spengel, ni Bateson,

n'indiquent de disposition analogue chez les espèces qu'ils ont étudiées. Chez le *B. minutus* en effet, je remarque que le cordon nerveux, qui présente la même structure et les mêmes relations que chez le *B. sarniensis,* se termine en arrière d'une manière plus simple. Les cellules nerveuses conservent les mêmes caractères sur toute la longueur du cordon, et ne s'écartent pas l'une de l'autre pour déterminer la formation d'un canal central. A l'extrémité postérieure du cordon, comme à son extrémité antérieure, elles se continuent avec les cellules épithéliales extérieures, et la partie fibreuse se conduit comme chez le *B. sarniensis.* Il faut remarquer cependant que, s'il n'y a pas formation d'une ouverture réelle, la couche épithéliale de la face dorsale du collier présente cependant une dépression, une sorte d'encoche au niveau de l'extrémité postérieure du cordon, et vient en quelque sorte à la rencontre des éléments qui vont se confondre avec les siens.

A son extrémité antérieure, chez le *B. sarniensis* aussi bien que chez le *B. minutus,* le cordon nerveux se continue jusqu'au point d'insertion du pédicule de la trompe sur le collier, et les cellules de sa partie centrale (fig. 12) se continuent, sans ligne de démarcation bien définie, avec les cellules épithéliales qui tapissent le cul-de-sac formé par le pédicule et le bord du collier ; tandis que la substance fibreuse se continue sur le côté dorsal avec la couche nerveuse très mince sous-jacente à l'épithélium de la face dorsale du corps, et sur le côté ventral avec la couche nerveuse de la trompe, très épaisse à ce niveau.

Enfin, le cordon nerveux central présente, en certains points de sa longueur des communications avec l'extérieur, qui ont déjà été indiquées, mais imparfaitement figurées par Spengel, et qui sont fort curieuses. Vers la réunion du tiers moyen avec le tiers postérieur du cordon, on voit en effet, chez le *B. sarniensis,* se détacher de la face dorsale trois cylindres remplis de cellules arrondies dont les noyaux ont les mêmes dimensions que ceux des cellules nerveuses, et qui se dirigent presque perpendiculairement vers l'épithélium, en traversant dans toute son épaisseur, la couche conjonctive et musculaire sous-jacente à l'épithélium dorsal. Au milieu des cellules se trouvent aussi des fibres ner-

veuses qui occupent surtout la périphérie des cylindres, et qui
proviennent manifestement de la couche fibreuse dorsale du cordon nerveux (fig. 13). Vers l'extrémité externe des cylindres, les
cellules sont moins nombreuses et se perdent au milieu des éléments de la couche épithéliale, tandis que les fibres viennent se
perdre dans les fibres de la couche nerveuse sous-jacente à cette
couche. Il me semble que l'épithélium de la face dorsale du corps
présente, au niveau de chacun de ces trois cylindres, un pore très
étroit.

Il ne m'a pas été possible de découvrir sur mes coupes longitudinales de cavité centrale dans ces cylindres nerveux ; seulement
sur des coupes transversales successives passant par l'un de ces
cylindres, voici ce que je constate. Dans les espaces lacunaires
décrits plus haut se trouvent des granulations arrondies, fortement
colorées, qui ne sont évidemment pas des cellules, et qui deviennent assez nombreuses au niveau des cylindres. Ceux-ci, coupés
obliquement, offrent une forme ovalaire, et les granulations colorées en occupent la partie centrale remplissant peut-être une
ouverture préexistante. Faut-il voir dans ces granulations des
corps étrangers, ayant pénétré par les ouvertures des cylindres
dans le système nerveux, ou bien des restes des cellules nerveuses
dissociées et tombées en dégénérescence ? C'est ce que je ne puis
décider.

Ces cylindres nerveux allant de la face dorsale du cordon nerveux à l'épithélium extérieur ont été décrits par Spengel chez les
B. minutus et *claviger*, mais il n'en indique pas le nombre. Chez
les *B. Kowalevskii* et *Kupferi*, il n'a rien observé de semblable.

J'ajouterai enfin que je ne trouve pas sur mes préparations ces
cellules nerveuses géantes que Spengel a signalées en certains
points du cordon nerveux.

Pour interpréter la nature du cordon nerveux du collier qui
est évidemment un organe central, et des espaces lacunaires qui
en occupent le centre, il serait indispensable de posséder des
documents complets sur le développement de cet organe. Or, les
observations de Spengel et de Bateson sur ce sujet important
leur ont fourni des résultats contradictoires. Spengel admet que
l'ébauche du système nerveux consiste en une invagination longi-

tudinale de l'ectoderme sur la ligne médiane dorsale, qui donne naissance à un cylindre creux dont la cavité se comblerait plus tard. Bateson admet au contraire qu'il se fait dans l'ectoderme un épaississement longitudinal aux dépens duquel se différencie le cordon nerveux primitivement plein ; puis, qu'en avant le cordon ainsi formé s'enfoncerait entre les bords relevés de l'ectoderme, phénomène qui donnerait lieu à la production de ce canal central qu'il observe, chez l'animal adulte, dans la portion antérieure du cordon. Comme Spengel, je nie complètement l'existence d'une cavité centrale dans cette portion du cordon. Le mode de développement reconnu par Spengel, c'est-à-dire l'invagination, m'expliquerait mieux l'ouverture extérieure que le cordon offre à son extrémité, cette ouverture n'étant qu'un reste de l'invagination primitive ; bien que, cependant, on puisse supposer aussi que cette communication avec l'extérieur se soit faite secondairement.

Quoi qu'il en soit d'ailleurs des phénomènes embryogéniques par lesquels le cordon nerveux prend naissance, phénomènes sur lesquels des observations ultérieures nous renseigneront sans doute, je ne vois, pour ma part, rien qui s'oppose à ce que l'on rapproche le cordon nerveux du collier, chez le *Balanoglossus*, du système nerveux central des *Chordata*, homologie que Spengel repousse énergiquement, surtout, parce qu'au lieu d'une cavité centrale unique et régulière, le cordon ne présente que des lacunes séparées les unes des autres par les cellules. Mais il me semble qu'on ne doit pas attribuer à ce fait une grande importance : que la cavité reste parfaitement vide ou qu'elle s'oblitère en partie par des prolongements de cellules allant d'une paroi à l'autre, cela importe peu, en somme. La formation des lacunes est évidemment secondaire : sur un grand nombre de coupes appartenant à différentes régions du cordon nerveux on observe toujours des endroits où la couche cellulaire forme vers l'intérieur un contour très net (fig. 16). Du reste, l'on connaît aussi dans les centres nerveux des Vertébrés, des commissures qui traversent de part en part la cavité centrale (la commissure grise, du troisième ventricule, par exemple).

Il résulte des dispositions anatomiques qui viennent d'être indiquées que la partie centrale du système nerveux se trouve située à la face dorsale d'une formation née de la paroi du pharynx, et ayant par conséquent une origine endodermique ; cette même partie centrale est aussi située à la face dorsale d'une plaque squelettique ayant une origine également endodermique, puisqu'il est à peu près hors de doute qu'elle dérive de la formation précédente. De telles relations me paraissent avoir une grande importance. Elles sont à coup sûr fort curieuses, car nous ne sommes pas habitués à rencontrer chez les *Invertébrés*, sauf parmi les *Tuniciers*, un cordon nerveux situé à la face dorsale du corps. Nous aurons à discuter plus loin les conséquences qu'il est permis de tirer de faits aussi importants.

Système nerveux périphérique. — J'ai déjà parlé de la couche nerveuse située sous l'épithélium de la trompe, dans laquelle s'épanouit la substance fibreuse du cordon nerveux central. Cette couche nerveuse se rencontre sur toute la surface du corps, en dessous de l'épithélium extérieur, mais nulle part elle n'offre un développement analogue à celui qu'elle prend dans la trompe. Ses caractères, déjà indiqués, sont les mêmes que ceux de la substance fibreuse du cordon.

Outre cette couche nerveuse sous-épithéliale, on trouve, chez le *Balanoglossus,* de véritables troncs nerveux qui existent sur toute la portion du corps située au delà du collier et qui occupent les lignes médianes dorsale et ventrale, en dehors des vaisseaux longitudinaux. Ces troncs ne sont que des épaississements locaux de la couche nerveuse générale avec laquelle ils se continuent sur les côtés ; ils offrent la même structure que cette couche, et, comme elle, ils ne sont pas non plus séparés des cellules épithéliales qui le recouvrent par une ligne de démarcation nettement accusée. Mais cependant ces troncs sont bien distincts et ils se laissent facilement reconnaître sur les coupes. Nous connaissons déjà l'origine du tronc nerveux dorsal ; nous savons que les cellules nerveuses, en s'écartant pour former l'ouverture postérieure du cordon central, passent toutes aux cellules épithéliales externes, et que la substance fibreuse qui formait l'épais ruban de la face ventrale de ce cordon se continue, sans changer de caractère, en dessous de cette ouverture ; elle devient ainsi le tronc nerveux qui court jusqu'à l'anus en dessus du vaisseau dorsal, et dont la structure et les relations sont indiquées sur la coupe transversale (fig. 14, *n. d.*). On voit que le nerf est en relation intime avec l'épithélium, qui offre à son niveau des caractères particuliers : les cellules sont plus allongées, elles sont disposées plus régulièrement et n'offrent pas de glandes à mucus. Les striations transversale et longitudinale sont toujours très accusées.

Le tronc ventral tire son origine du tronc dorsal de la manière suivante. A quelque distance en arrière de l'ouverture postérieure du cordon central, le nerf dorsal fournit latéralement deux branches qui se dirigent obliquement en arrière et en bas, en conservant toujours leur situation en dessous de l'épithélium et se réunissent sur la ligne médiane ventrale en un tronc unique qui se place sous le vaisseau ventral et se continue jusqu'à l'extrémité postérieure du corps. Le point de réunion de ces deux branches obliques se trouve au niveau des premières paires de sacs branchiaux.

Les coupes transversales faites depuis la région branchiale jusqu'à l'extrémité postérieure du corps, montrent que ces troncs offrent tous deux la même largeur, qu'ils s'amincissent progressivement, mais ne se réunissent pas autour de l'anus, qu'enfin ils ne sont pas nettement limités sur les côtés, mais se continuent latéralement avec la couche nerveuse sous-épithéliale.

Étant donnée l'épaisseur remarquable qu'offre la couche nerveuse dans les parois de la trompe, on peut supposer que cet organe est doué d'une grande sensibilité, mais il n'est pas possible d'y découvrir les moindres traces d'organes des sens.

Tube digestif et parois du corps. — Entre l'épithélium extérieur et l'épithélium intestinal, se trouve, sur toute la longueur du corps, une lame épaisse formée de tissus mésodermiques. La cavité générale de la larve, en effet, a été comblée par des éléments conjonctifs et par des fibres musculaires ; elle n'apparaît plus entre ces éléments que sous forme de lacunes remplies par un liquide, qui, chez les animaux traités par les réactifs, se présente comme un coagulum très léger, finement granuleux. Ce liquide renferme de nombreux éléments cellulaires arrondis, à contours peu apparents, dont le protoplasma est rempli de granulations. Ces éléments sont identiques à ceux qu'on observe dans les interstices des tissus de la cavité de la trompe.

Nous trouvons donc ici un type de tissu mésenchymateux intéressant à connaître, puisque, de par le développement de son mésoderme, le *Balanoglossus* est un véritable cœlomate. Parmi ces éléments conjonctifs et musculaires qui remplissent la cavité générale, on peut cependant faire la part de ce qui revient au feuillet somatique et au feuillet splanchnique du mésoderme. Dans le collier, les muscles du feuillet somatique offrent d'abord (fig. 16 et 11) une mince couche de fibres longitudinales, puis une assise de fibres transversales (*m. t. e.*) peu épaisse, irrégulièrement développée, qui, par places, peut même faire complètement défaut, en dedans de laquelle existe une deuxième couche de fibres longitudinales (*m. l. e.*) plus épaisse que la première. Ces fibres sont réunies en petits groupes, séparés par du tissu conjonctif, et offrent sur les coupes transversales une disposition régulière et élégante.

Quant au feuillet splanchnique, il présente d'abord une couche de fibres transversales (*m. t. i.*) immédiatement appliquée contre l'épithélium intestinal, et en dehors d'elle, des fibres longitudinales (*m. l. i.*) également réunies en groupes distincts. Entre ces deux parois musculaires, on trouve des fibres musculaires entrecroisées, dont la plupart ont une direction longitudinale, entremêlées d'éléments conjonctifs, au milieu desquels se montrent les lacunes plus ou moins développées, remplies par un coagulum. Les éléments conjonctifs consistent en fibrilles anastomosées, avec de nombreux noyaux, supportant les éléments musculaires sous lesquels elles disparaissent, par places, complètement.

Les fibres musculaires transversales, développées dans les parois somatique et splanchnique du mésoderme, ne se remarquent guère que dans le collier ; dans les autres régions du corps, les fibres musculaires n'offrent plus cette disposition régulière qui vient d'être indiquée. Il n'existe, en effet, que des fibres longitudinales ou obliques qui forment, dans la paroi du corps comme dans la paroi de l'intestin, une couche de moins en moins distincte qui tend à se confondre avec les éléments remplissant la cavité générale, à mesure que l'on s'éloigne de l'extrémité antérieure du corps. A partir de la région hépatique et jusqu'à l'extrémité postérieure du corps, l'ensemble des tissus mésodermiques qui séparent l'épithélium extérieur de l'épithélium intestinal, forme une lame unique très mince, dans laquelle on trouve toujours des fibres musculaires et des éléments conjonctifs, mais qui ne sont plus disposés, comme précédemment, en une paroi externe et une paroi interne séparées par une masse intermédiaire.

Les deux sacs cœlomatiques de la larve, non seulement ont leur cavité oblitérée par le développement d'un tissu mésenchymateux, mais sont incomplètement séparés sur les lignes médianes dorsale et ventrale, du moins chez le *B. sarniensis*. Nous avons vu, en étudiant les organes situés à la base de la trompe, qu'il existait dans le collier deux espaces parfaitement définis (fig. 3, 5, 8 et 9, *c. g.*) qui ne sont autre chose que des portions de la cavité générale séparées du reste de cette cavité par une paroi. Ces deux espaces prennent naissance à la base de la trompe, et existent sur toute la longueur du pédicule qui la rattache au collier. Une très petite portion des tissus conjonctifs et musculaires de la trompe reste en dehors de ces deux espaces, et traversent aussi le pédicule pour se perdre dans les tissus de la cavité générale du collier, du moins en partie. Ce sont surtout des fibres musculaires longitudinales (fig. 8, *l. tr.*), réunies par petits groupes séparés par des tissus conjonctifs, et qui s'insèrent pour la plupart sur la plaque pharyngienne.

Les deux espaces *c. g.* qui se sont ainsi séparés du reste de la cavité générale sur le côté dorsal, restent distincts sur toute la longueur du collier. Mais à l'extrémité postérieure de celui-ci, vers le point où le cordon nerveux se termine en s'ouvrant dans l'épithélium externe, les deux espaces, jusqu'alors parfaitement délimités, cessent d'offrir une paroi distincte et les éléments qui s'y trouvaient renfermés, éléments d'ailleurs identiques à ceux qui remplissent la cavité générale, se confondent avec ces derniers. Or, dans toute la portion du corps située en arrière du collier, les deux sacs cœlomatiques de la larve, en s'adossant sur les lignes médianes dorsale et ventrale, donnent naissance à deux mésentères, un mésentère dorsal (fig. 14, *m. d.*) et un mésentère ventral (*m. v.*), qui s'étendent d'une façon continue et sans inter-

ruption sur toute la longueur du corps, de l'épithélium intestinal
à l'épithélium extérieur, et qui comprennent dans leur épaisseur
les vaisseaux longitudinaux dorsal et ventral. Les deux moitiés de
la cavité générale se trouvent donc aussi séparées d'une manière
complète. Mais au niveau du collier les dispositions sont modifiées
de la manière suivante. Les premières coupes transversales du
collier n'offrent ni mésentère dorsal ni mésentère ventral ; ces
cloisons n'apparaissent que sur les coupes passant en arrière de
l'orifice du diverticulum pharyngien. On distingue alors un mésentère qui s'étend de la face dorsale du système nerveux jusqu'au
bord interne de la couche épithéliale externe (fig. 4, *m. d.*), et
un mésentère qui s'étend sur la ligne médiane ventrale, de l'épithélium externe à la couche des fibres musculaires transversales
de l'intestin (*m. v.*), quand cette couche est distincte, mais qui
se continue jusqu'au bord externe de l'épithélium intestinal,
quand cette assise musculaire n'est pas représentée.

Dans la région postérieure du collier, comme le cordon nerveux dorsal se rapproche de l'épithélium externe à la surface duquel il viendra s'ouvrir, le mésentère sus-nervien devient de plus
en plus étroit et finit par disparaître par le fait même que l'espace
qui sépare le cordon nerveux de la couche épithéliale se réduit à
zéro. Au contraire, la lamelle conjonctive qui séparait les deux
espaces *c. g.* jusqu'alors tout à fait clos, s'allonge, sans cependant perdre ses relations et sans abandonner le cordon nerveux ;
et quand ce cordon aura disparu, quand les deux espaces *c. g.* ne
seront plus distincts, changements qui se produisent au niveau du
bord postérieur du collier, cette lamelle constituera un mésentère
s'étendant de la face ventrale du tronc nerveux dorsal jusqu'à la
couche épithéliale de l'intestin en comprenant dans son épaisseur
le vaisseau dorsal.

Quant au mésentère ventral du collier, il ne se modifie pas en
sortant du collier, et depuis le commencement du collier jusqu'à
l'extrémité postérieure du corps, il conserve constamment la
même forme et les mêmes caractères.

Au niveau du collier, la couche épithéliale externe est épaisse :
elle est formée de cellules allongées, cylindriques au milieu desquelles on ne remarque qu'un petit nombre de cellules à mucus.

Mais au niveau de la région branchiale, celles-ci deviennent très nombreuses et se présentent sous forme de cellules fortement gonflées qui refoulent les cellules voisines dont les parois s'accolent et se soudent. Cette couche épithéliale conserve les mêmes caractères jusqu'à l'extrémité postérieure du corps, mais elle va continuellement en s'amincissant. Son épaisseur, qui, au niveau du collier, était de $0^{mm},25$ environ, se réduit en effet à $0^{mm},08$ au delà de la région hépatique.

Au niveau de la région hépatique, la couche épithéliale présente les modifications suivantes. Sur le côté ventral du corps où les cœcums hépatiques n'existent pas, l'épithélium est large et très glandulaire, tandis que sur les parois des cœcums il est très mince, et constitué par des cellules cubiques formant une couche régulière et dépourvue de glandes, mais qui s'élargit à l'extrémité des culs-de-sacs en acquérant de nouveau des glandes à mucus.

La cavité digestive est cylindrique au niveau du collier (fig. 4) ; elle se rétrécit au niveau de la région branchiale par suite de la présence des branchies qui en occupent la moitié supérieure. Les différentes formes que présente la coupe de l'intestin le long de cette région, ont été suffisamment décrites et figurées par Kowalevsky pour qu'il ne soit pas nécessaire de revenir sur ce sujet. La figure 14 représente une coupe transversale passant vers le milieu de la région branchiale. Dans la région génitale, la forme de l'intestin varie suivant le développement que prennent les glandes génitales et les fibres musculaires dans l'étui musculo-cutané. Il présente en général une coupe rectangulaire. Dans la région hépatique et jusqu'à l'anus, sa cavité est très irrégulière.

Les cellules épithéliales de l'intestin sont très longues, étroites, et à parois minces ; elles offrent les mêmes caractères sur toute la longueur de l'intestin ; seulement, la couche qu'elles forment offre dans le collier une épaisseur de $0^{mm},4$ à $0^{mm},5$ qui se réduit à $0^{mm},1$ seulement dans la région génitale.

Dans la région hépatique, l'intestin offre une série de diverticulums pairs, simples poches placées les unes derrière les autres, s'ouvrant par une large ouverture dans la cavité intestinale et n'offrant pas cette disposition compliquée qui a été reconnue chez certaines espèces de *Balanoglossus*. Ces diverticulums ne sont développés qu'à la face dorsale de l'intestin. La lame musculo-fibreuse ne subit au niveau des poches aucune modification, mais les cellules épithéliales intestinales, très courtes dans la région génitale et dans la moitié ventrale du tube digestif au niveau de la région hépatique, se développent et deviennent très longues dans les diverticulums. Elles se terminent intérieurement par une extrémité renflée, renfermant un protoplasma trouble et granuleux ; leurs noyaux volumineux renferment de nombreuses granulations de nucléine. Enfin, elles offrent, en dehors et en dedans de la couche des noyaux, de nombreuses granulations d'une couleur vert foncé, parfaitement conservées sur des pièces traitées successivement par l'alcool, l'éther et le chloroforme. Ces granulations existent aussi dans les cellules de la paroi ventrale de l'intestin et elles se continuent aussi au delà de la région hépatique sur une certaine distance vers l'extrémité postérieure. C'est à ces granulations qu'est due la couleur verte qu'on observe, sur les animaux vivants, dans cette région.

SYSTÈME CIRCULATOIRE. — La description que je vais donner du système circulatoire chez le *B. sarniensis* diffère sensiblement de celle de Kowalevsky. J'ai vivement regretté de n'avoir pas pu pratiquer d'injections sur mes échantillons, car les résultats que l'on obtient en étudiant des coupes successives, si excellente que soit cette méthode, demandent à être complétés et vérifiés par des injections faites sur des animaux vivants. Avant d'indiquer la disposition des troncs vasculaires que j'ai reconnus et suivis sur mes coupes, je dois faire la remarque suivante. S'il est facile de distinguer sur une coupe l'existence d'un vaisseau, grâce à la présence du sang coagulé et fortement coloré qui le remplit, il est au contraire difficile et souvent impossible d'affirmer l'existence d'une paroi quand les pièces n'ont pas subi un traitement approprié. J'applique donc le nom de vaisseaux, ou de branches vasculaires, à ces espaces remplis de sang coagulé dont je trouve la correspondance sur les coupes transversales, horizontales et sagittales, qui se rencontrent sur toutes les préparations dans les mêmes points et avec les mêmes relations, mais je laisse forcément dans le doute la question de savoir si quelques-uns de ces espaces sont des vaisseaux parfaitement définis, ayant des parois propres, ou seulement des simples lacunes vasculaires.

Cœur. — Spengel, avons-nous dit plus haut, considérait comme le représentant du cœur de la Tornaria, le sac que j'ai décrit sous le nom de sac ou de cavité de la glande proboscidienne. Ce sac étant parfaitement clos, le *Balanoglossus* adulte ne posséderait pas, d'après lui, de cœur véritable. Bateson, en étudiant le développement du *Balanoglossus,* est arrivé à un résultat tout différent et a montré que le cœur de la Tornaria devenait, non pas l'organe que nous appelons le sac de la glande proboscidienne, mais au contraire l'organe nommé par Spengel l'*espace sanguin.* Cette observation de Bateson me paraît confirmée par mes propres recherches : j'ai reconnu, en effet, que cet espace sanguin donnait naissance à de nombreux vaisseaux. Je n'ai jamais pu découvrir sur mes coupes de fibres musculaires dans les parois de cet organe et je ne sais pas s'il est contractile, mais, pour l'étudier convenablement, il aurait fallu pouvoir l'isoler et en dissocier les éléments, ce qu'il ne m'était pas possible de faire sur mes pièces. Tout ce que je puis dire, c'est qu'il offre toujours un contour très net et une paroi distincte ; qu'il paraît, en somme, être un organe bien défini et non un simple espace sanguin s'étalant entre les organes.

D'après les images offertes par mes coupes, je considère le cœur comme un organe aplati et allongé, situé à la face dorsale du diverticulum sur laquelle il se moule et qu'il occupe presque tout entière (fig. 2, 3, 7, 8, 10 et 11, *c*). Terminé en avant par un cul-de-sac, ce cœur offre deux prolongements latéraux antérieurs d'où partent les vaisseaux qui se rendent dans les parois de la trompe et trois prolongements postérieurs, l'un médian, et deux latéraux. Le prolongement médian qui continue directement le cœur, se place en dessous du cordon nerveux du collier entre les deux portions closes de la cavité générale *c. g.* Les prolongements latéraux sont d'abord situés de chaque côté du diverticulum (fig. 3, *c. p.*) ; ils se placent ensuite de chaque côté de la plaque pharyngienne (fig. 8), mais s'en écartent bientôt (fig. 9) et se continuent avec des vaisseaux dont nous étudierons le trajet plus loin. Considérons en effet une série de coupes transversales menées entre la base de la trompe et le commencement du collier.

Nous voyons le cœur apparaître sous forme d'un organe aplati entre le diverticulum et le sac de la glande proboscidienne (fig. 7), rempli de sang coagulé, et qui s'élargit et s'étale dans la figure 3 ; on distingue sur cette figure les deux prolongements latéraux postérieurs qui sont très développés. La figure 8 montre en *c* le commencement du prolongement postérieur médian, lequel se continuera avec le vaisseau que nous décrirons sous le nom de vaisseau dorsal. Les prolongements latéraux postérieurs sont toujours très larges. Situés d'abord à l'angle du diverticulum et de la plaque squelettique, ils s'abaissent progressivement vers le bas et atteignent la paroi de l'intestin : ils s'écartent alors rapidement de la ligne médiane (fig. 6), mais à ce moment ils forment, non plus des régions du cœur, mais de véritables vaisseaux. La coupe horizontale (fig. 2) nous montre aussi les rapports des différentes portions du cœur. La portion médiane, très aplatie en dessous du sac de la glande, donne latéralement deux prolongements qui se continuent avec les vaisseaux de la trompe, et en arrière les prolongements postérieurs pairs ; le prolongement postérieur impair se continue à gauche avec un vaisseau qui court sous l'épithélium intestinal. Sur la coupe sagittale 11, on voit le cœur terminé en avant en cul-de-sac, et en arrière la coupe tangentielle du prolongement postérieur qui se continuera avec les vaisseaux de l'intestin.

En résumé, le sac situé à la face dorsale du diverticulum dérive du cœur de la Tornaria ; il présente toujours sur les préparations les mêmes relations très constantes ; il offre une forme bien définie et des parois propres ; enfin, non seulement il est en communication ouverte avec les vaisseaux, mais aussi il est le centre d'où partent ou auquel arrivent les vaisseaux les plus importants du corps. Si je n'ai pas distingué de fibres musculaires dans ses parois, et si je ne l'ai pas vu se contracter chez l'animal vivant, chose qui sera constatée peut-être un jour, au moins ai-je montré qu'il était un véritable organe central de tout le système circulatoire.

Vaisseaux. — Des deux prolongements latéraux antérieurs du cœur partent des vaisseaux qui se rendent dans les parois de la trompe et cheminent en dessous de la couche nerveuse (fig. 11

et 2, *c. l.*), et dont on peut reconnaître l'origine sur les coupes horizontales mieux que sur les coupes sagittales. Ces vaisseaux doivent être assez nombreux, à en juger par les coupes transversales faites à la base de la trompe. Le cœur donne aussi de nombreuses branches qui se répandent sur l'extrémité antérieure et la face ventrale du diverticulum pharyngien (fig. 1) ; on en trouve quelques-unes sur la coupe transversale (fig. 3). Ces branches sont très serrées, et, sur les coupes longitudinales, la face ventrale du diverticulum paraît entourée d'un large espace vasculaire ; elles s'anastomosent aussi avec les vaisseaux des parois de la trompe. Par ses faces latérales, le cœur donne enfin de nombreux rameaux qui se distribuent dans le tissu de la glande proboscidienne.

En arrière, le prolongement médian du cœur se continue avec un vaisseau placé en dessus du diverticulum, entre celui-ci et le canal dorsal de la trompe (fig. 8, *c*), puis entre le diverticulum et le cordon nerveux dorsal du collier (fig. 5 et 9, *v. d.*) quand celui-ci a fait son apparition. Ce vaisseau, situé en dessous du cordon, est peu développé ; il donne plusieurs branches latérales qui se réunissent sur la face dorsale du cordon pour former un vaisseau sus-nervien (fig. 5, 9 et 4, *v. n.*), qui forme le tronc longitudinal dorsal le plus important du collier.

Le vaisseau sus-nervien n'a pas un long trajet. Situé à la face dorsale du cordon, il s'éteint quand ce cordon se termine et ne dépasse pas par conséquent le bord postérieur du collier. Au contraire, le vaisseau situé en dessous de ce même cordon devient plus gros quand le premier disparaît et il se continue jusqu'à l'extrémité postérieure du corps en dessous du nerf dorsal médian, toujours compris entre les deux feuillets du mésentère dorsal (fig. 14, *v. d.*). C'est le vaisseau longitudinal dorsal.

Les deux prolongements postérieurs du cœur situés de chaque côté de la plaque squelettique fournissent d'abord, par leurs bords internes et vers le milieu de la plaque, une expansion courte formant une sorte de lacune dans la partie médiane de la plaque (fig. 2 et 1, *v. p.*), qui la partage en deux portions égales ou inégales, suivant les plans par lesquels passent les coupes. Ces deux prolongements postérieurs quittent ensuite la plaque, s'éloi-

.gnent.de la ligne médiane dorsale (fig. 9, *c. p.*) et se recourbent vers la région ventrale en présentant un trajet oblique dans la couche musculaire de l'intestin. En se réunissant sur la ligne médiane, ils donnent naissance au vaisseau longitudinal ventral (fig. 4 et 14, *v. v.*) qui existe sur toute la longueur du corps et qui se continue en avant au delà du point de réunion de ses deux troncs d'origine jusqu'au bord antérieur du collier (fig. 1, *v. v.*). Ce vaisseau ventral est d'abord situé dans le collier entre la couche musculaire transversale et la couche longitudinale de la paroi de l'intestin ; mais vers le bord postérieur du collier il se rapproche du tronc nerveux ventral qui vient d'y faire son apparition et se place à la face dorsale de ce tronc qu'il n'abandonnera plus.

Les deux vaisseaux longitudinaux, dorsal et ventral, envoient latéralement de nombreuses branches, qui suivent les mésentères dorsal et ventral, et se ramifient, les unes entre l'épithélium extérieur et les muscles de la paroi du corps, les autres entre l'épithélium de l'intestin et sa couche musculaire. Ces vaisseaux s'anastomosent, et les deux vaisseaux longitudinaux se trouvent ainsi mis en communication (fig. 4). Ces branches sous-épithéliales envoient aussi des rameaux transversaux qui se distribuent dans toute l'épaisseur des tissus formant le large étui mésodermique.

Il faut remarquer que dans le collier les branches qui se distribuent à la paroi intestinale ne rampent pas immédiatement sous l'épithélium, mais sont situées entre les couches musculaires transversale et longitudinale de l'intestin, de même que le tronc qui les fournit. Quand la couche musculaire transversale n'existe pas, ils sont naturellement appliqués contre l'épithélium.

Quant au vaisseau sus-nervien qui tire son origine du vaisseau longitudinal sous-nervien, il donne aussi des nombreux rameaux qui vont s'anastomoser avec les branches du réseau vasculaire sous-cutané. En particulier, il donne au niveau des trois cylindres verticaux qui s'étendent de la face dorsale du cordon nerveux à l'extérieur, des branches très développées qui s'appliquent contre la surface de ces cylindres et qui se jettent dans les vaisseaux sous-épithéliaux.

Comme il a été dit plus haut que les mésentères dorsal et ventral n'apparaissaient dans le collier qu'à une certaine distance de son bord antérieur, il s'ensuit que les vaisseaux dorsal et sus-nervien ne donnent pas de branches externes dans la première partie de leur trajet, mais seulement à partir du point où les mésentères sont développés.

Mes observations sur la distribution des vaisseaux dans la région branchiale sont malheureusement incomplètes. On comprend qu'il soit fort difficile de suivre sur les coupes des troncs vasculaires et d'en reconnaître les relations dans une région si compliquée et où ils offrent de nombreuses divisions et de fréquentes anastomoses. Je crois cependant pouvoir confirmer, en partie du moins, les observations de Kowalevsky : mes coupes transversales, en effet, me donnent des images qui correspondent aux descriptions du savant professeur russe. Au niveau de la région branchiale, le vaisseau dorsal offre un volume considérable (fig. 14, $v.\ d.$), puisque son diamètre est de $0^m,25$ à $0^m,30$ au lieu que dans le collier il n'a que $0^m,02$ à $0^m,03$. En dehors de ce tronc et de chaque côté de la ligne médiane j'observe deux troncs plus petits (fig. 14, $v.\ l.$) situés entre les sacs branchiaux et la couche épithéliale de la face dorsale du corps et qui correspondent évidemment aux deux vaisseaux latéraux que Kowalevsky désigne par les lettres e dans la figure 4 de son mémoire[1]. Et, enfin, dans les lobes latéraux de la face dorsale, entre l'épithélium et les glandes génitales déjà très développées sur le milieu de la région branchiale, je remarque, mais sur quelques coupes seulement, deux autres vaisseaux ($v'.\ l'.$) qui correspondent peut-être aux vaisseaux mm de la même figure 4. Ces deux paires de vaisseaux n'existent plus dans la région génitale. Kowalevsky a reconnu que ces vaisseaux provenaient du vaisseau dorsal médian, disposition que je puis confirmer pour les vaisseaux $v.\ l.$, les plus rapprochés de la ligne médiane.

Quant aux vaisseaux latéraux $v'.\ l'.$, ne les observant que sur quelques coupes seulement, je ne puis en indiquer l'origine. Mais j'insiste sur l'existence des vaisseaux latéraux, au moins des vais-

1. KOWALEVSKY, *Anatomie des Balanoglossus.* (*Mém. Acad. Imp. Pétersbourg,* vol. X, 1866.)

seaux *v. l.*, parce que Spengel n'a pas retrouvé les vaisseaux décrits par Kowalevsky.

Au delà des branchies, dans le commencement de la région génitale, le vaisseau dorsal conserve encore, sur une certaine partie de son trajet, un calibre considérable, puis il se rétrécit peu à peu pour reprendre les dimensions qu'il avait dans le collier.

Branchies. — J'ai peu de choses à dire sur l'appareil branchial qui, chez le *B. sarniensis*, paraît être identique à celui des *B. claviger* et *minutus* fort bien décrit par Spengel. L'ouverture des sacs branchiaux dans la cavité digestive est obturée en grande partie par un opercule, et le squelette des branchies offre la même disposition que chez les espèces de Naples. Des travées transversales, s'étendant entre les lames des sacs branchiaux et celles des opercules forment des fourchettes à trois branches analogues à celles qui ont été figurées par Kowalevsky et par Spengel. Ces travées sont peut-être moins nombreuses et plus écartées dans mon espèce que chez le *B. claviger*, mais je ne puis en juger avec certitude, Spengel n'ayant encore publié que des figures schématiques.

Entre l'appareil branchial et l'épithélium de la face dorsale du corps, se trouvent de nombreuses fibres musculaires irrégulièrement disposées comme dans la région post-branchiale. Spengel parle de faibles sphincters existant autour des orifices extérieurs des sacs. Sur mes coupes sagittales, j'observe aux extrémités des sacs branchiaux, lorsque les parois accolées de deux sacs voisins se séparent l'une de l'autre, des espaces occupés par des muscles coupés transversalement ou obliquement. Ces fibres paraissent entourer les canaux extérieurs des branchies, et peuvent sans doute, par leur action, agrandir ou resserrer le calibre de ces canaux.

Les deux canaux découverts par Spengel, les *Kragenporen*, qui prennent naissance sur la paroi des sacs branchiaux de la première paire pour s'ouvrir dans la cavité générale du collier, appartiennent aussi à la région branchiale. Spengel dit que ces canaux ont leur paroi dorsale fendue sur toute leur longueur, de telle sorte que sur les coupes transversales ils présentent une cavité semi-lunaire. J'observe au contraire que, vers le milieu de leur longueur, ces canaux offrent une forme parfaitement cylindrique, et ne se présentent sous forme de gouttière qu'à leurs deux extrémités. Voici du reste ce que je constate sur une série de coupes transversales passant successivement par l'extrémité postérieure du collier et le commencement de la région branchiale. Sur les premières coupes, où le cordon nerveux dorsal du collier se présente comme un canal tapissé d'une couche de cellules parfaitement régulière et entourant une lumière centrale (coupes qui par conséquent passent en avant de l'ouverture dorsale de ce cordon), on voit apparaître, au milieu des tissus conjonctifs et musculaires qui remplissent la cavité générale du collier, et de chaque côté de la ligne médiane, deux bandes de cellules épithéliales qui se recourbent peu à peu par leurs bords pour former chacune une paroi de canal incomplet, dont la concavité est tournée vers la face dorsale du corps. Elles offrent donc sur les coupes transversales la forme d'un croissant dont les cornes sont tournées en haut. Sur les coupes suivantes, on voit chaque bande s'allonger en se recourbant et ses deux extrémités, les deux cornes du croissant, viennent à la rencontre l'une de l'autre, puis se réunissent pour former un canal complet, dont la coupe est à peu près circulaire et qui possède une lumière régulière. Les cellules qui en forment la paroi sont columnaires. A mesure qu'on étudie d'autres coupes, on remarque que la paroi ventrale du canal disparaît peu à peu : il offre alors de nouveau en coupe la forme d'un croissant, mais dont la concavité est tournée vers la face ventrale, c'est-à-dire que sa position est inverse de celle qu'il avait primitivement. Les deux extrémités du croissant se continuent latéralement avec les tissus de la cavité générale. Peu à peu les croissants s'aplatissent, se rapprochent du premier sac branchial et leurs éléments se confondent avec les cellules épithéliales de ce sac.

Les deux pores du collier ont donc, chez le *B. sarniensis*, la forme d'une gouttière qui, dans sa partie moyenne, se convertit en un canal par le rapprochement de ses bords ; et tandis que dans sa partie antérieure, la concavité de la gouttière est tournée vers la face dorsale, dans la partie postérieure elle est aucontraire tournée vers la face ventrale. La portion tubulaire ne doit pas être bien longue, car je ne l'observe que sur six ou huit coupes successives (mes coupes ont environ un trentième de millimètre d'épaisseur).

Glandes génitales. — Elles apparaissent déjà vers le milieu de la région branchiale et se continuent jusqu'au voisinage de la région hépatique.

Dans la région génitale, elles forment quatre séries régulières : deux à la face dorsale, de chaque côté de la ligne médiane, et deux à la face ventrale du corps.

Ces glandes se présentent comme des masses ovoïdes, ayant une largeur de 3 à 4 millim. sur une longueur de 5 à 7 millim. Suivant qu'elles sont plus ou moins volumineuses, elles modifient la forme de la coupe de l'intestin dans une région déterminée.

A l'époque où j'ai capturé mes échantillons de *Balanoglossus,* les glandes génitales n'étaient pas en activité. Je n'ai jamais constaté, chez les individus vivants, des différences d'aspect ou de coloration qui parussent indiquer la distinction des sexes. Sur les coupes, j'observe que le tissu de ces glandes est constitué par des globules arrondis, colorés en rose par le carmin, et formant des amas mamelonnés ou disposés sous forme de bandes radiales. Au milieu de ces globules, il s'en trouve d'autres qui sont plus pâles ou complètement incolores et assez réfringents, qui sont peut-être des globules graisseux dont la graisse aurait été en partie dissoute par les réactifs. Parmi ces éléments, on rencontre enfin des granulations de pigment jaune, plus ou moins abondantes. Ces différents éléments, qu'il aurait fallu pouvoir étudier chez des animaux frais, correspondent très bien à ceux qui ont été décrits par Kowalevsky dans les glandes génitales des ses *Balanoglossus* en dehors de l'époque de la reproduction.

Il n'est pas d'animal dont la position systématique ait été discutée comme celle du *Balanoglossus.*

Tour à tour rapproché des *Tuniciers,* des *Némertes,* des *Échinodermes,* et des *Vertébrés,* il n'a pas encore pu trouver sa place dans la classification. Je suis loin d'avoir la prétention de résoudre un problème aussi difficile ; mais je voudrais résumer ici quelques réflexions qui m'ont été suggérées, pendant le cours de mes recherches, par l'étude de certains organes, et par l'importance que je crois devoir attacher à certaines dispositions.

Il y a peu de choses à dire sur les ressemblances du *Balanoglossus* avec les *Némertes* et avec les *Tuniciers*. Autrefois on a comparé la trompe du *Balanoglossus* à celle d'un *Némertien;* mais maintenant que nous possédons des documents complets sur la structure et sur le développement de cet organe dans les deux groupes, il ne peut plus être question d'un semblable rapprochement. La trompe du *Balanoglossus,* qui dérive du lobe préoral de la *Tornaria,* est bien différente de la trompe d'un *Némertien* qui naît d'une invagination ectodermique. S'il était prouvé que la gaîne proboscidienne des *Némertes* a bien réellement une origine endodermique, on pourrait peut-être la comparer au diverticulum pharyngien du *Balanoglossus.* Ce rapprochement pourrait être admis par des naturalistes qui, comme Hubrecht, cherchent dans la gaîne proboscidienne des *Némertes* un organe homologue à la chorde dorsale des *Vertébrés.* Mais pour trouver dans le *Balanoglossus* des organes caractéristiques d'un *Vertébré,* il n'est pas nécessaire de passer par les *Némertes.* Enfin, la structure du système nerveux exclut toute idée de parenté du *Balanoglossus* avec ce dernier groupe; il y a bien, il est vrai, un anneau de substance nerveuse à la base de la trompe, mais cet anneau, qui est situé en dehors de la bouche, n'a pas les caractères d'un organe central et nous ne pouvons pas le comparer aux masses nerveuses de l'extrémité antérieure du corps chez les *Némertes.*

Les ressemblances du Balanoglossus avec les Tuniciers ne sont pas non plus bien profondes, et ne sont pas de nature à indiquer un lien de parenté, puisqu'elles ne portent que sur l'appareil branchial. Or, cet appareil présente dans tout le règne animal une trop grande variation pour qu'il puisse servir à établir des homologies. Les ressemblances cependant n'en sont pas moins indiscutables; et comme les Tuniciers sont proches parents des Vertébrés, que le Balanoglossus présente avec les *Chordata* une parenté sur laquelle j'insisterai tout à l'heure, nous ne devons pas perdre complètement de vue que les appareils branchiaux du Balanoglossus, des Tuniciers et de l'Amphioxus offrent une structure fondamentale identique.

Il reste maintenant à discuter les deux autres hypothèses émises sur la parenté du Balanoglossus, hypothèses qui s'appuient sur des faits beaucoup plus précis, dont l'une a été formulée et développée avec un grand talent par Metschnikoff qui a rapproché le Balanoglossus des Échinodermes, et l'autre par Bateson qui l'a rapproché des Vertébrés. Les affinités du Balanoglossus avec ces deux types reposent sur des caractères bien différents ; mais il est bien difficile de choisir entre les deux hypothèses, car on ne saurait nier que la larve du Balanoglossus ne soit constituée comme une larve d'Échinoderme, ni que l'animal adulte n'offre avec les *Chordata* des ressemblances qui s'imposent forcément à l'esprit. Les zoologistes qui sont portés à attribuer une grande importance à la forme larvaire et qui estiment que la connaissance de cette forme doit fournir des renseignements plus précis que l'étude de l'animal adulte, admettront un lien de parenté entre le Balanoglossus et les Échinodermes, tandis que ceux qui accordent de l'importance à la structure et aux relations des organes chez l'adulte rangeront plus volontiers le Balanoglossus parmi les *Chordata*.

Dans sa note publiée par l'*Anzeiger*, Metschnikoff a discuté avec beaucoup de compétence la parenté du Balanoglossus avec les Échinodermes ; il cite des faits qui ont certainement une grande valeur et qui parlent en faveur de sa manière de voir. Il est inutile que je reproduise ici l'argumentation développée par Metschnikoff : la Tornaria est une véritable larve d'Échinoderme ; on ne peut le nier. Elle diffère cependant d'une larve ordinaire d'Échinoderme, d'un *Echinopœdium*, par exemple, par quelques caractères assez importants résumés par Giard dans les lignes suivantes : « La présence chez cette larve d'un cœur très particulier que l'on n'a jamais observé chez les larves d'Échinodermes, l'apparition relativement tardive des couronnes ciliaires, l'existence d'une bande musculaire unissant le système aquifère au point médian des taches oculiformes, sont autant de points qui me laissent encore quelques doutes et réclament de nouvelles investigations ; Metschnikoff passe un peu trop facilement à côté de ces difficultés. »

Si la Tornaria est proche parente d'un Echinopœdium, si elle lui est presque complètement identique, ce que j'admets très volontiers, en revanche le Balanoglossus adulte offre une organisation telle, qu'on ne peut y découvrir aucune ressemblance importante avec un Échinoderme. Je reconnais, à la vérité, que les phénomènes de dégénérescence qu'on a signalés dans les glandes génitales du Balanoglossus sont absolument identiques à ceux qui se passent chez les Échinides ; Giard insiste avec raison sur cette ressemblance. J'ai moi-même indiqué plus haut la complète analogie de structure qui existe entre la glande proboscidienne du Balanoglossus et la glande madréporique des Échinides. Mais ces ressemblances, à coup sûr fort curieuses, ne sont pas de celles sur lesquelles on peut se baser pour établir un lien de parenté.

Voici comment s'exprime Metschnikoff en parlant du Balanoglossus adulte : « L'hypothèse d'une proche parenté entre la Tornaria et l'Echinopœdium, dit-il, repose non seulement sur ces considérations embryogéniques, mais encore sur une réduction de l'organisation du Balanoglossus adulte au type Échinoderme. Le plan de structure n'offre, sous ce rapport, aucune difficulté parce que la symétrie bilatérale est typique pour les larves de ces derniers animaux ; la différence consiste seulement en ce que chez le Balanoglossus la symétrie bilatérale persiste durant la vie entière, la disposition radiaire des organes n'arrivant pas au développement. » Les ressemblances les plus importantes que Metschnikoff trouve entre le Balanoglossus et les Échinodermes sont les suivantes : « Le système aquifère est représenté chez le Balanoglossus par le sac de la trompe, et l'ouverture de cette dernière au dehors se fait par un pore dorsal homologue de l'organe correspondant des Échinodermes…. Le sac aquifère, au lieu de se différencier en diverses parties (anneaux, troncs ambulacraires) disposées radiairement, reste à un stade antérieur de l'évolution….. La soi-disant trompe ne doit plus être considérée que comme un tentacule ambulacraire unique, et doit être parallélisée avec les formations analogues des Échinodermes, avec les tentacules des Holothuries notamment. »

Ce sont là des hypothèses fort ingénieuses et très séduisantes, mais qui ne reposent pas sur des preuves suffisantes. Je ne puis,

pour ma part, admettré que la trompe du Balanoglossus soit
un ambulacre ou un tentacule d'Échinoderme ; non seulement
rien ne le prouve, mais il y a des raisons pour repousser une
semblable assimilation. Nous savons en effet comment se forme
la trompe du Balanoglossus : c'est le lobe préoral de sa larve qui
se développe et acquiert une musculature particulière pour lui
donner naissance. Or, y a-t-il dans ce développement quelque
chose qui rappelle la formation d'un ambulacre d'Échinoderme
qui se développe, comme on sait, d'une manière bien différente ?

En somme, je le répète, la larve du Balanoglossus rappelle une
larve d'Échinoderme, mais si l'on essaye de comparer l'animal
adulte à un Échinoderme, on se heurte à des difficultés insurmon-
tables. Or, si l'on compare le Balanoglossus aux *Chordata*, on
trouvera, et dans l'embryogénie, et dans l'organisation de l'animal adulte, des ressemblances d'ordre beaucoup plus important,
il me semble du moins, que celles dont Metschnikoff s'est servi
pour établir son raisonnement.

S'il est un organe éminemment caractéristique de l'organisme
du Vertébré, c'est à coup sûr la chorde dorsale ; c'est-à-dire une
formation qu'on s'accorde généralement à considérer comme
ayant une origine endodermique, au moins chez les Vertébrés
inférieurs, qui court le long de la ligne médiane du corps en
dessus de l'intestin et en dessous du système nerveux central, et
qui offre une structure et un mode d'évolution parfaitement
déterminés. Or, ne trouvons-nous pas dans le diverticulum pharyngien du Balanoglossus tous les caractères de la notochorde ?
C'est un organe d'origine endodermique ; il est situé sur la ligne
médiane en dessous du système nerveux central et en dessus du
pharynx ; il présente enfin la structure si caractéristique de la
notochorde. A la vérité la chorde dorsale des Vertébrés est un
organe allongé et plein ; le diverticulum pharyngien du Balanoglossus est creux ; il n'offre qu'un trajet très court, puisqu'il s'é-
tend surtout dans la cavité de la trompe, en avant du cordon nerveux dont il ne dépasse pas, en arrière, le tiers antérieur. Mais
est-ce un motif suffisant pour exclure toute homologie entre les
deux organes? Je ne le crois pas, car il y a bien d'autres raisons
plus solides pour affirmer cette homologie. Le diverticulum pha-

ryngien donne, de plus, naissance par sa face ventrale et un peu par ses faces latérales, à une pièce squelettique, sorte de cartilage de soutien, dans lequel nous pouvons voir quelque chose d'homologue à la colonne vertébrale. Enfin, le cordon nerveux du collier rappelle absolument par sa position, par ses caractères histologiques et par son développement, le canal médullaire des Vertébrés. Ce cordon nerveux offre même une structure tellement particulière qu'on ne trouverait pas un seul Invertébré possédant un système nerveux analogue. J'ai déjà dit que le fait que cet organe était un cylindre creux et non un cordon plein, ne devait pas avoir une importance considérable; d'ailleurs le cordon dorsal du collier n'est pas plein, mais il est seulement lacuneux.

Il est à peine besoin de rappeler combien l'appareil branchial offre d'affinités avec celui de l'Amphioxus. Cette ressemblance est même un des caractères qui ont le plus frappé les premiers observateurs, et, malgré les variations que cet appareil est susceptible de subir, nous ne devons pas négliger absolument cette ressemblance ; si elle était isolée et unique, elle n'aurait pas une grande valeur, mais elle en acquiert parce qu'elle vient s'ajouter à d'autres caractères communs au Balanoglossus et aux *Chordata*.

Enfin on peut rapprocher, comme le fait Bateson, les canaux qui s'étendent depuis la première paire de branchies jusque dans la cavité du collier, des tubes excréteurs qui ont été étudiés par Hatscheck chez l'Amphioxus.

Des homologies remarquables paraissent donc exister entre la chorde dorsale, l'axe cérébro-spinal et la colonne vertébrale des *Chordata*, et le diverticulum, le cordon nerveux du collier et la plaque pharyngienne du Balanoglossus. Ces homologies portent sur des organes essentiels, elles s'appuyent sur des relations qu'on regarde comme absolument caractéristiques des Vertébrés.

Que l'on considère une coupe transversale du Balanoglossus passant par le commencement du collier (fig. 9), et l'on ne pourra qu'être frappé par la structure et les relations des organes. La coupe est presque identique à celle qu'on obtiendrait en certaines régions du corps chez un embryon de Vertébré.

Les données que nous possédons sur le développement du Balanoglossus confirment encore ces homologies.

Nous savons en effet que le diverticulum pharyngien apparaît de très bonne heure chez la Tornaria, puisqu'il se développe aux stades *F* et *G* de Bateson, c'est-à-dire avant la formation de la première paire de sacs branchiaux, par un refoulement de la paroi de l'archentéron. Le développement de la chorde dorsale est assurément différent chez l'Amphioxus, puisque cet organe se différencie sur toute la face dorsale de l'archentéron. Mais ce qu'il est important de constater, c'est que le diverticulum apparaît très peu de temps après l'établissement de la gastrula. Quelle signification attribuera-t-on à ce diverticulum si l'on rejette l'hypothèse d'une proche parenté avec les Vertébrés et si l'on fait dériver le Balanoglossus de la même souche que les Échinodermes? Le cordon nerveux du collier se développe d'après les mêmes processus que le système nerveux central des *Chordata*, et la plaque pharyngienne se forme aux dépens des cellules du diverticulum d'une manière qui rappelle ce qui se passe chez l'Amphioxus.

Des ressemblances aussi frappantes nous autorisent, je crois, à émettre l'hypothèse que le Balanoglossus est un proche parent des Vertébrés, et qu'il appartient aux *Chordata*. Bateson proposait dans son mémoire la classification suivante des *Chordata* : *Hemichordata* (Entéropneustes), *Urochorda*, *Cephalochorda* et *Vertebrata*. A-t-il voulu indiquer par là, que les *Urochorda* descendent des *Hemichordata* et les *Cephalochorda* des *Urochorda*?

Pour ma part, je n'admettrais pas cette hypothèse. Je partage en effet complètement l'opinion des naturalistes qui voient dans l'Amphioxus et les Tuniciers, non pas les ancêtres des Vertébrés, mais au contraire des Vertébrés dégénérés. J'admets de même que le Balanoglossus est un type dégénéré, dont la larve en s'adaptant à des conditions particulières d'existence, aurait acquis des caractères qui la font ressembler à une larve d'Échinoderme; mais l'animal adulte a conservé des caractères qui le rapprochent trop visiblement des *Chordata* pour que l'on puisse attribuer une grande importance à la Tornaria.

Les caractères de la dégénérescence observée chez les Cyclostomes, l'Amphioxus et les Tuniciers ont été développés par Dohrn particulièrement, et sont bien connus maintenant. Or les phénomènes de dégénérescence ne se rencontrent-ils pas non plus chez le Balanoglossus ? Son organisation tout entière présente des caractères indéniables d'une dégénérescence profonde ; il faut ajouter encore que le genre de vie du Balanoglossus est très comparable à celui de l'Amphioxus ; comme cela arrive chez ce dernier ainsi que chez les Ascidies, la larve après sa métamorphose produit un animal peu mobile, vivant dans le sable qu'il paraît ne jamais quitter.

J'ajouterai encore une remarque. N'est-il pas curieux de constater que, parmi ces quatre types qu'on peut considérer comme dégénérés, Cyclostomes, Amphioxus, Tuniciers et Balanoglossus, trois sont représentés seulement par quelques genres à peine, ou même par un seul, et que ces trois types, tout en ayant une grande extension géographique, sont parqués dans certaines stations parfaitement délimitées, et s'y sont en quelque sorte isolés. On peut, il est vrai, objecter que les Tuniciers sont représentés par des espèces nombreuses et variées ; il faut cependant remarquer que, dans ce dernier groupe, plusieurs genres ont conservé leur vie pélagique et que chez les genres qui se fixent (Ascidies), les caractères différentiels, génériques ou spécifiques, ne paraissent pas avoir une valeur considérable, puisqu'ils ne portent guère, somme toute, que sur des changements dans la forme et les relations de la branchie. On conçoit d'ailleurs très bien qu'un type, même dégénéré, ait été susceptible, à un moment donné, de subir des variations et de présenter des différenciations notables au lieu de rester réduit à un genre unique. Quoi qu'il en soit, il me semble que, lorsqu'on recherche les affinités du Balanoglossus et qu'on a des raisons pour le considérer comme un type dégénéré, on ne doit pas négliger les renseignements qu'on peut puiser dans le connaissance de son genre de vie et de son extension géographique. Nous obtenons ainsi des éléments d'une nouvelle comparaison entre le Balanoglossus, dernier représentant de *Chordata* dégénérés, et l'ensemble des Cyclostomes, Amphioxus et Tuniciers qui représentent les Vertébrés dégénérés.

Pour mieux préciser l'opinion que je me fais sur la descendance et sur les affinités du Balanoglossus, j'ajouterai encore quelques mots. La souche des animaux qui se sont détachés des Vers et qui ont acquis progressivement la chorde dorsale, renfermait des types qui ont presque tous évolué vers une organisation très supérieure et qui sont devenus les Vertébrés actuels. De ces Vertébrés s'est détaché de très bonne heure un groupe renfermant des animaux qui n'ont pas évolué comme les autres, mais qui, au lieu de se perfectionner, ont au contraire dégénéré, et ont donné successivement les Cyclostomes, l'Amphioxus et les Tuniciers. Le Balanoglossus a dû se détacher de la souche des *Chordata* avant que ceux-ci aient produit les véritables Vertébrés. Il a donc fait son apparition avant les Vertébrés et par conséquent avant les Cyclostomes, l'Amphioxus et les Tuniciers. En d'autres termes, je crois que les Balanoglossus ont pour ancêtres des *Chordata* qui n'étaient pas encore devenus des Vertébrés, tandis que les Cyclostomes, l'Amphioxus et les Tuniciers viennent de *Chordata* qui avaient déjà évolué en Vertébrés. Le Balanoglossus ne continue donc pas une série représentée actuellement par les Cyclostomes, l'Amphioxus et les Tuniciers ; il appartient à une souche différente, ayant cependant la même origine que celle qui a produit ces derniers, qui sont, comme le Balanoglossus, des animaux dégénérés.

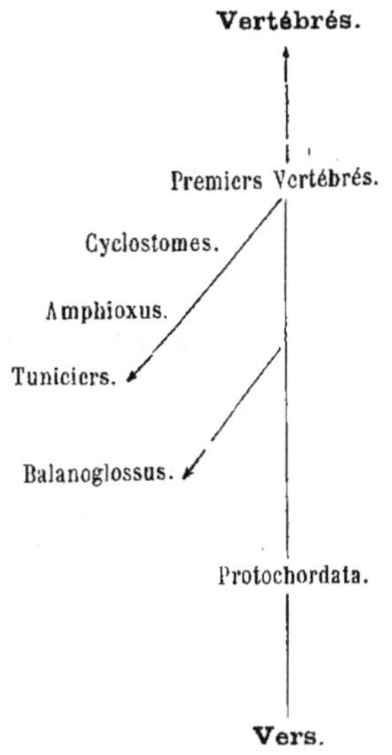

EXPLICATION DES PLANCHES

Lettres communes à toutes les figures.

b. bouche.

br. branchies.

c. cœur.

c. g. espaces représentant les deux portions séparées du reste de la cavité générale sur la ligne médiane dorsale dans le collier.

c. l. prolongements latéraux du cœur, desquels partent les vaisseaux des parois de la trompe.

c. m. prolongement médian du cœur.

c. p. prolongements postérieurs du cœur.

c. n. couche nerveuse à la base de l'épithélium externe.

d. diverticulum né de la paroi dorsale du pharynx, offrant les mêmes éléments que la chorde dorsale des Vertébrés.

d'. sa lumière.

e. e. couche épithéliale externe.

e. i. couche épithéliale de l'intestin.

g. glande de la trompe.

g. e. sa couche périphérique.

g. v. les vaisseaux de la glande proboscidienne.

g. g. glande génitale.

i. cavité digestive.

l. espaces ovalaires, en forme de lacunes, dans la portion celluleuse du cordon dorsal du collier.

m. d. mésentère dorsal.

m. v. mésentère ventral.

m. g. masse des tissus conjonctifs et musculaires remplissant la cavité générale.

m. tr. masse des tissus conjonctifs et musculaires remplissant la cavité de la trompe.

l. tr. muscles longitudinaux entourés de tissu conjonctif continuant, dans le pédicule, les muscles de la trompe, et restant en dehors des deux espaces *c. g.*

m. l. e. muscles longitudinaux de la paroi du corps.

m. t. e. muscles transversaux de la même paroi.

m. l. i. muscles longitudinaux de la paroi intestinale.

m. t. i. muscles transversaux de la même paroi.

n. c. cordon nerveux dorsal du collier formant le système nerveux central.

n. d. nerf dorsal.

n. v. nerf ventral.

p. plaque squelettique pharyngienne.

p'. ses deux branches postérieures obliques.

p. f. portion fibreuse du cordon nerveux du collier.

p. c. portion celluleuse du même.

p. tr. pore dorsal de la trompe.

   s. sac de la glande de la trompe.

v. d. vaisseau longitudinal dorsal (sous-nervien).

v. n. vaisseau sus-nervien du collier.

v. p. vaisseaux dans la plaque pharyngienne.

v. v. vaisseau longitudinal ventral.

N. B. — Les fig. 3, 4, 5, 6, 7, 8 et 9, qui représentent des coupes transversales du pédicule de la trompe et du collier, n'ont pas pu être disposées sur les planches dans leur ordre naturel, c'est-à-dire de telle sorte que la coupe la plus voisine de l'extrémité antérieure du corps fut représentée sur la fig. 3, et la coupe la plus éloignée par la fig. 9. Ces figures doivent être parcourues dans l'ordre suivant : fig. 6, 7, 3, 8, 9, 5 et 4.

PLANCHE I.

Fig. 1. — *Balanoglossus sarniensis* de grandeur naturelle.

Fig. 2. — Coupe longitudinale horizontale du collier et de la base de la trompe, montrant le sac de la glande, mais non la glande elle-même, et la coupe oblique de la partie rétrécie du diverticulum occupant la face dorsale de la plaque pharyngienne. — G. = 10.

Fig. 3. — Coupe transversale du pédicule de la trompe passant par un plan intermédiaire à ceux des coupes représentées fig. 6 et fig. 7. La glande est très réduite et ne montre plus que sa couche périphérique renfermant des fibres musculaires longitudinales; son sac est encore très large. La plaque pharyngienne apparaît sous forme d'une lame homogène à la base de la couche nerveuse. — G. = 30.

Fig. 4. — Coupe transversale du collier vers son milieu, montrant le cordon nerveux dorsal, les mésentères dorsal et ventral, et les vaisseaux qui se ramifient sous les couches épithéliales intestinale et externe. — G. = 9.

Fig. 5. — Coupe transversale du collier près de l'orifice du diverticulum dans l'intestin, passant par un plan antérieur à celui de la coupe précédente. On voit les deux branches divergentes de la plaque squelettique et les deux troncs vasculaires dont la réunion formera le vaisseau ventral. — G. = 22.

PLANCHE II.

Fig. 6. — Coupe transversale du pédicule de la trompe près de son extrémité antérieure, montrant la glande, son sac encore peu distinct et le diverticulum. — G. = 55.

Fig. 7. — Coupe transversale de la base de la trompe, en arrière de la précédente. Les parois de la trompe se sont rapprochées de la glande, devenue plus mince. Le cœur aplati est visible entre le sac de la glande et le diverticulum. De chaque côté de la glande se trouvent deux espaces irréguliers remplis de granulations colorées. — G. = 17.

Fig. 8. — Coupe transversale du pédicule de la trompe vers le milieu de ce pédicule. Le sac de la glande proboscidienne a disparu. Le canal dorsal de la trompe est tapissé par une couche épithéliale continue. Les deux prolongements postérieurs du cœur envoient des branches dans le milieu de la plaque pharyngienne. — G. = 40.

Fig. 9. — Portion d'une coupe transversale du collier dans sa partie antérieure. Le cordon nerveux dorsal du collier remplace la couche nerveuse de la face dorsale du pédicule ; les vaisseaux qui continuent les prolongements postérieurs du cœur s'écartent de la ligne médiane. — G. = 48.

Fig. 10. — Portion d'une coupe longitudinale parallèle au plan sagittal et un peu en dehors de ce plan, montrant les relations respectives du diverticulum, du cœur, de la glande proboscidienne et de son sac. — G. = 25.

PLANCHE III.

Fig. 11. — Coupe longitudinale sagittale de la base de la trompe et du collier pour montrer les relations des organes situés à la base de la trompe et contenus dans son pédicule. — G. = 10.

Fig. 12. — Coupe longitudinale sagittale au niveau du point de réunion du collier avec le pédicule de la trompe montrant la terminaison antérieure du cordon nerveux central. — G. = 75.

Fig. 13. — Portion d'une coupe longitudinale sagittale passant par les trois cylindres remplis d'éléments nerveux qui s'étendent du cordon nerveux central à la couche épithéliale externe. — G. = 75.

Fig. 14. — Coupe transversale vers le milieu de la région branchiale. En *v. l.* et *v'. l'.* sont indiqués les vaisseaux latéraux de la région branchiale. — G. = 12.

Fig. 15. — Coupe sagittale à l'extrémité postérieure du collier, montrant la terminaison postérieure du cordon nerveux et le canal central qui prend naissance dans sa partie celluleuse par l'écartement des cellules nerveuses ; *c. d.* l'ouverture de ce canal à l'extérieur. — G. = 34.

Fig. 16. — Coupe transversale du cordon nerveux du collier et de la paroi du corps. Les couches épithéliales externe et interne n'ont pas été représentées. — G. = 42.

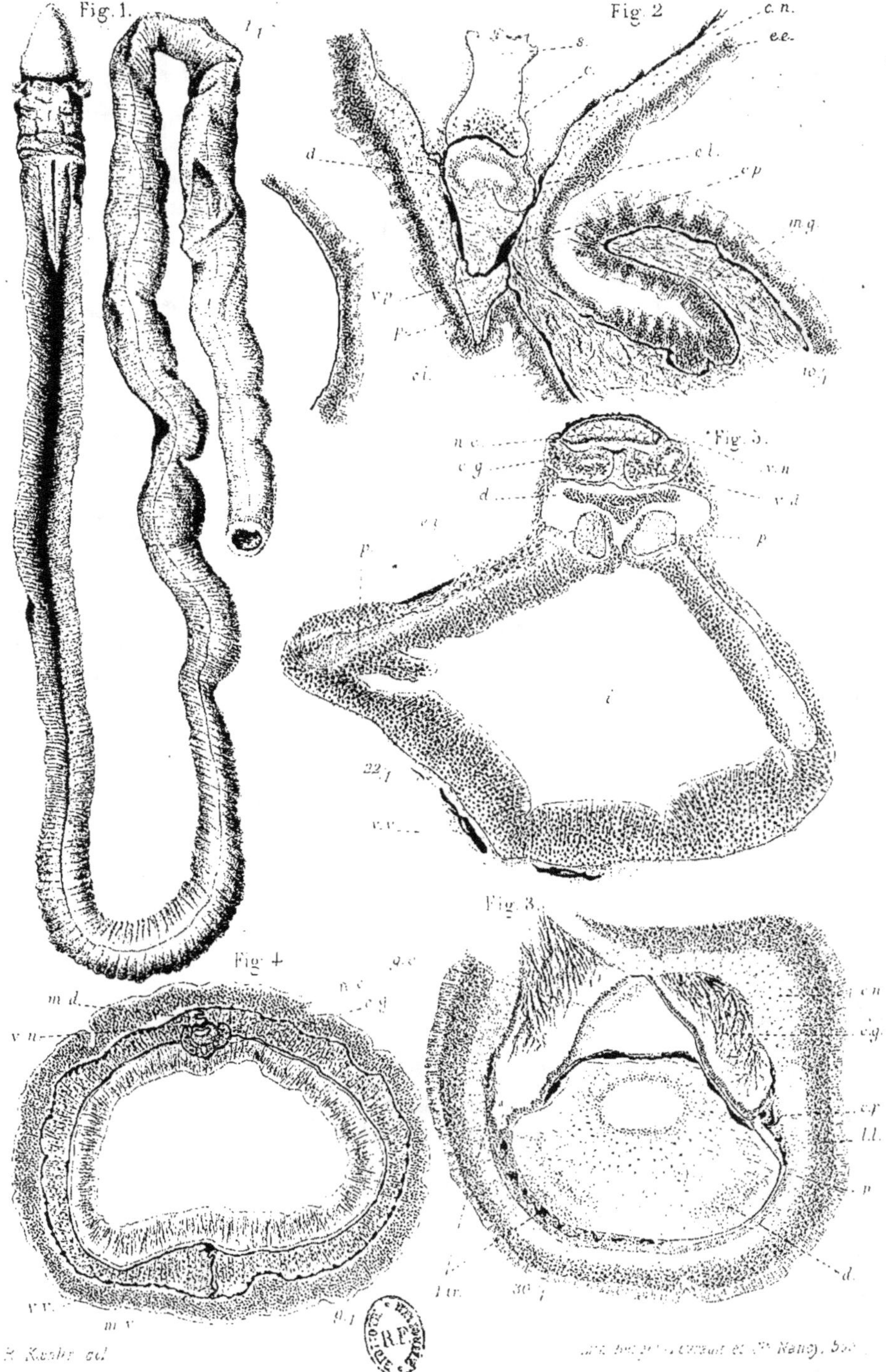

Fig. 1.
Fig. 2
Fig. 3.
Fig. 4
Fig. 5.
Pl. I.
R. Kaehr del.

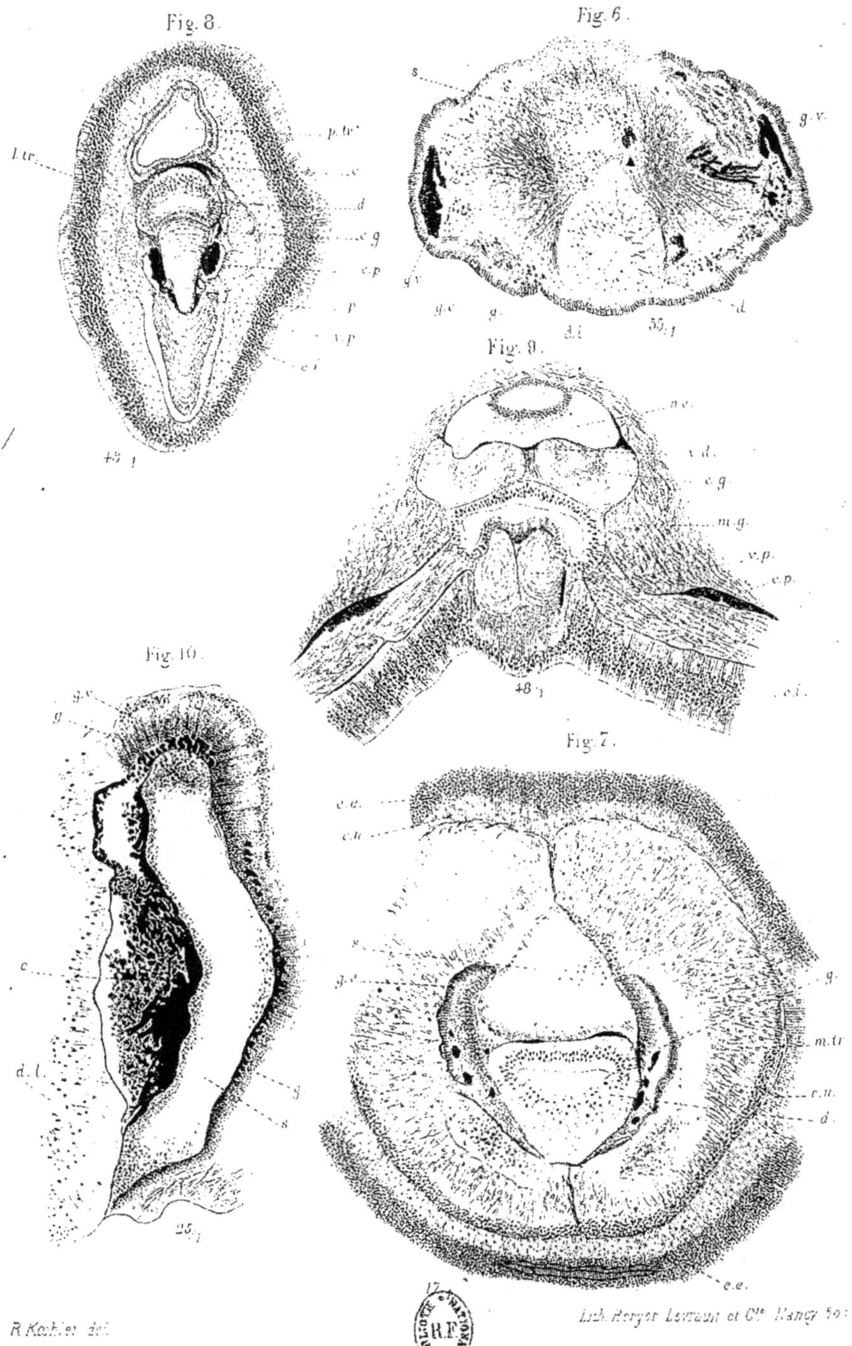

Fig. 8.
Fig. 6.
Fig. 9.
Fig. 10.
Fig. 7.

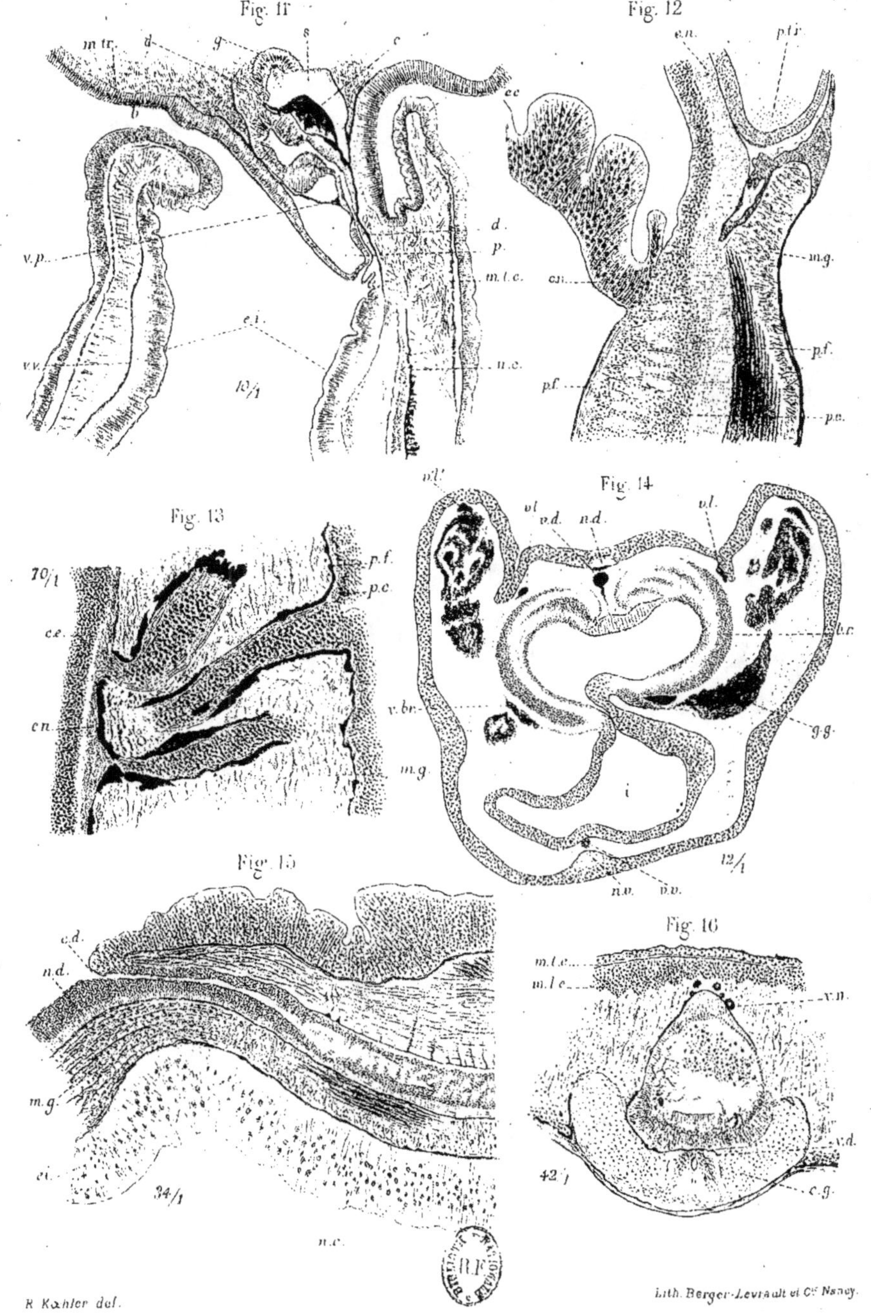

Fig. 11
Fig. 12
Fig. 13
Fig. 14
Fig. 15
Fig. 16